U0157903

国家出版基金项目
NATIONAL PUBLICATION FOUNDATION

中小河流洪水预警预报技术研究与应用

张建云　杨静波　许　钦
金君良　谢自银　刘九夫 ◎著

河海大学出版社
HOHAI UNIVERSITY PRESS
·南京·

图书在版编目(CIP)数据

中小河流洪水预警预报技术研究与应用 / 张建云等
著. -- 南京:河海大学出版社,2021.7
ISBN 978-7-5630-7069-5

Ⅰ. ①中… Ⅱ. ①张… Ⅲ. ①河流-洪水预报 Ⅳ.
①P338

中国版本图书馆 CIP 数据核字(2021)第 124177 号

书　　名	中小河流洪水预警预报技术研究与应用	
书　　号	ISBN 978-7-5630-7069-5	
策划编辑	朱婵玲	
责任编辑	章玉霞	
	齐　岩	
特约校对	袁　蓉	
装帧设计	徐娟娟	
出版发行	河海大学出版社	
地　　址	南京市西康路 1 号(邮编:210098)	
电　　话	(025)83737852(总编室)	
	(025)83722833(营销部)	
经　　销	江苏省新华发行集团有限公司	
排　　版	南京布克文化发展有限公司	
印　　刷	苏州市古得堡数码印刷有限公司	
开　　本	787 毫米×1092 毫米　1/16	
印　　张	12.75	
字　　数	315 千字	
版　　次	2021 年 7 月第 1 版	
印　　次	2021 年 7 月第 1 次印刷	
定　　价	98.00 元	

前言 | PREFACE

我国是一个洪涝灾害频发、多发的国家，大约 2/3 以上的国土面积处在洪水威胁之下，平均约每两年发生一次洪涝灾害，每次洪水都给人民的生命财产造成惨重的损失。

我国历来高度重视洪涝的治理。通过 70 年的治理，特别是自 1998 年以来，我国大江大河的治理取得显著成效，其防洪工程体系基本建成，在历年的防洪减灾中发挥了重要的作用。但是面广量大的中小河流尚未得到系统治理，中小流域的防洪问题仍十分突出。

2010 年甘肃舟曲发生的特大山洪泥石流灾害，造成了重大的人员伤亡和财产损失。为了保障人民群众生命财产安全、维护经济社会发展大局，2010 年 10 月，国务院发布了《关于切实加强中小河流治理和山洪地质灾害防治的若干意见》，实施了全国中小河流较系统的综合治理工作。2011 年 5 月国务院批准了《全国中小河流治理和病险水库除险加固、山洪地质灾害防御和综合治理总体规划》(以下简称《总体规划》)，国家发展改革委和水利部于 2013 年 12 月印发了《全国水文基础设施建设规划(2013—2020 年)》(以下简称《规划》)，开展了中小河流水文监测体系和预测预警体系的建设。

广西壮族自治区(以下简称"广西")和辽宁省是山洪灾害多发的地区，也是全国中小河流综合治理和水文监测预警体系建设的重点地区。作者团队承担了上述两个省区中小河流综合治理项目中的洪水预警预报业务系统的研发工作，系统地分析诊断了研究流域水文要素序列的演变规律和变化特征；基于新安江模型和超渗模型，考虑流域参数空间分布的不均匀性，研究开发了分布式水文模型；研究提出了资料短缺或无资料地区的模型参数识别率定方法，解决了中小河流资料不足地区的水文模型参数化的难题；研究开发了集多源数据融合处理、流域描述和建模、模型参数优化率定、洪水预警预报、实时校正预报和信息服务等功能于一体的中小河流洪水预警预报业务平台。研发的计算分析技术和预警预报业务平台，成功地应用到上述两省区的中小河流洪水预警预报，在近些年的防汛减灾工作中，取得了显著的经济效益和社会效益。

本书由八章组成。第一章引言，由张建云、刘九夫编写；第二章水文资料系列分析诊断方法，由金君良编写；第三章流域地理特征提取与分析方法，由许钦、金君良编写；第四章流域水文模型与预报方法，由张建云、许钦编写；第五章洪水预警预报平台，由许钦、杨静波编写;第六章洪水预警预报技术在广西西江流域的应用,由杨静波、许钦编写;第七章洪水预警预报技术在辽宁中小河流的应用,由谢自银、刘九夫编写;第八章问题讨论与展望,由刘九夫、张建云编写。全书由张建云统稿。

广西西江流域和辽宁中小河流的洪水预警预报系统研发工作,得到了两省区水文部门的大力支持,特别是广西壮族自治区水文中心的梁才贵二级巡视员、滕培宋部长、黄建波部长,辽宁省原水文水资源勘测局的李里副局长、李松副局长、梁凤国处长、高世斌副处长在研发工作中一同研讨,提出建议,并在应用中不断完善系统。在研发工作和本书编写过程中,南京水科院关铁生教授级高级工程师和贺瑞敏教授级高级工程师等也参与很多具体的工作。本书出版还得到南京水利科学研究院出版基金的资助。在此向为这项研究开发工作顺利完成和成功应用,向为本书出版付出辛劳、做出贡献的所有同事表示最衷心的感谢。

由于作者水平有限和研发成果总结工作量很大,书中不可避免地存在不足和错误,请读者给予批评指正。

目录 | CONTENTS

第一章

引言

1.1　中小河流及其防洪问题

由于特殊的地理位置和气候条件,我国是一个洪涝灾害频发、多发的国家。我国洪涝发生的范围广,根据《全国防洪规划》,2/3 以上的国土面积处在洪水威胁之下。我国历史上洪水灾害损失严重,根据中国史料记载,从公元前 206 年至公元 1949 年的 2 155 年间,我国共发生洪水灾害 1 092 次,平均每两年发生一次。仅 20 世纪以来,我国先后发生了 1915 年的珠江大水,1931 年和 1954 年的江淮大水,1933 年的黄河大水,1957 年的松花江大水,1963 年的海河大水,1975 年的淮河大水,1991 年的江淮大水,1994 年的珠江大水,1995 年的辽河、浑河和第二松花江大水,1996 年的西江与洞庭湖大水,1998 年的长江、珠江及松花江大水,2003 年、2005 年和 2007 年的淮河大水,等等。这些流域性的大洪水给人民的生命财产造成了惨重的损失。刚刚过去的 2020 年,长江、西江、淮河发生流域性洪水,三峡水库出现了建库以来的最大洪峰流量(75 000 m³/s),鄱阳湖和巢湖出现历史最高水位,湖区尾闾多处发生溃堤,淮河蒙洼等 8 个行蓄洪区被迫蓄洪应用。

我国历来高度重视洪涝的治理。通过 70 年的治理,特别是自 1998 年以来,我国大江大河的治理取得显著成效,大江大河的防洪工程体系基本建成,在历年的防洪减灾中发挥了重要的作用。但是一些防洪工程存在着工程隐患,一些防洪规划尚未完全实施。随着国家经济社会的快速发展和财富的积累,洪涝灾害的暴露度增加,洪涝灾害的风险提升,防洪减灾的任务依然艰巨。

在我国大江大河防洪工程措施得到显著加强的同时,我国面广量大的中小河流尚未得到系统治理,中小流域的防洪问题仍十分突出。在环境变化的大背景下,我国中小流域的洪涝灾害呈现增多趋强的态势。一是极端事件不断发生,大范围强降雨不断发生,局地发生超强暴雨。二是中小河流未经系统治理,防御标准普遍偏低,暴雨洪水引发部分中小河流漫堤溃堤,一些中小水库出现险情和局部山洪地质灾害,特别是 2010 年甘肃舟曲发生特大山洪泥石流灾害,充分暴露出防洪减灾体系存在的薄弱环节。

1.2　中小河流治理及预警预报

2010 年甘肃舟曲发生的特大山洪泥石流灾害,造成了重大的人员伤亡和财产损失。为了保障人民群众生命财产安全、维护经济社会发展大局,2010 年 10 月,国务院发布了《关于切实加强中小河流治理和山洪地质灾害防治的若干意见》,实施了全国中小河流较系统的综合治理工作。经过 5 年多的中小河流系统治理和山洪灾害专项治理等工作,全国中小河流防御洪涝和山洪地质灾害的能力得到显著增强,易灾地区生态环境得到明显改善,防灾减灾长效机制得到进一步完善。

在全国中小河流综合治理中,优先治理了洪涝灾害易发、保护区人口密集、保护对象重要的河流及河段,基本完成了流域面积在 200 km² 以上、有防洪任务的重点中小河流(包括大江大河支流、独流入海河流和内陆河流)的治理,使治理河段基本达到国家确定的防洪标准。同时,加大加快小型水库除险加固工程,消除水库安全隐患,恢复防洪库容,增强水资源调控能力,基本完成了所有小(2)型以上水库的除险加固任务,并且对未纳入全国病险水库除险加固专项规划和近年来新出现的大中型病险水库,进行了除险加固工作,全国水库大坝安全水平得到显著的提升。在山洪地质灾害的防治中,完成了山洪地质灾害重点防治区灾害的调查任务,全面查清了山洪、泥石流、滑坡、崩塌等灾害隐患点的基本情况,编制了全国山洪地质灾害风险图,建立了大规模的雨情监测预警系统,强化了临灾避险和应急处置能力。此外,还加大了林草植被保护与恢复力度,加大了水土流失综合治理工作。

国务院在关于中小河流治理和山洪地质灾害防治意见中,高度重视防洪的非工程措施建设。明确提出在洪水易发地区,加密布设局地天气雷达站和自动气象站,完善暴雨实时监测预报预警及信息发布系统,强调要加强水文测站基础设施建设,密切监控河流汛情,提高水文监测和预报精度;完善中小水库防汛报警通信系统,优化水库调度运用方案,制定中小河流、中小水库防洪预案。建立洪水风险管理制度,防治与利用相结合,提高洪水资源化水平。近10年来,我国水文行业根据国务院2011年5月批准的《总体规划》、国家发展改革委和水利部2013年12月印发的《规划》,开展了中小河流水文监测体系和预测预警体系的建设,实现了全面提高中小河流水文监测和预警预报能力的建设目标。

中小河流水文监测系统建设作为中小河流治理的重要非工程措施,是中小河流治理的重要组成内容,是《总体规划》的重要建设内容和重点实施、优先安排的项目。《规划》的总体目标是加强水文基础设施建设,逐步建成功能基本齐全的水文站网体系、现代化水平较高的水文水资源监测体系和服务手段先进、快速、准确的水文信息服务体系,提升水文的支撑保障能力,为水资源可持续利用和经济社会可持续发展提供可靠支撑。《规划》提出建设水文站4 697处、水位站3 553处、雨量站30 617处、水文信息中心站408处、水文巡测基地229处,以及39支水文应急机动监测队和5 186个预测预报系统软件,水文业务系统的建设包括水文预警预报系统、水文综合业务处理系统、国家水文水资源数据中心等。通过《总体规划》的中小河流水文监测系统和《规划》的中小河流水文监测站网、水文监测中心的建设,我国中小河流监测体系基本完善,陆基监测能力和预警预报支撑能力得到显著提升,在近些年的防洪减灾中,发挥了非常重要的作用。

1.3　水文资料短缺地区的洪水预警预报

在我国的水文监测发展历程中,鉴于经济社会发展的水平和发展理念的约束,我国的水文监测站点主要布置于大江大河的主要控制断面,一类是基本水文站,用于水文资料的积累、水文规律的分析和水文模型参数的率定;一类是防汛报汛站,用于防汛信息监测、洪水预报和调度决策;还有一类是工程建设运行的专用水文站。而在广泛的中小河流上,水文站网非常少或没有监测站。因此,在中小河流的洪水预警预报中,遇到的首要问题,也是最普通和最突出的问题是水文资料短缺地区的洪水预警预报方法的问题。

1.3.1　水文资料短缺的定义

水文资料短缺主要指水文资料不满足应用的需求。应用包括工程水文分析与计算、水文预测预报、水旱灾害防御、水资源管理、水生态水环境保护等。水文资料短缺包括以下几种情形:① 无观测站(要素)或站网密度小,导致水文资料缺乏,这是水文资料短缺的主要情形;② 观测站(要素)的观测系列短,导致水文资料的代表性比较差,如新建的中小河流站,因尚未记录所在流域的大洪水资料,使水文资料的洪水特性缺乏代表性;③ 观测站所在流域下垫面等环境条件发生变化,导致水文资料的一致性受到影响,如涉水工程对日、月、季、年水文节律的影响,气候变化及其趋势变化对水文规律的影响等。

本书"水文资料"的讨论侧重流量资料,"应用"的讨论侧重洪水的预测预报。据 2012 年第一次全国水利普查河湖基本情况普查和水利工程普查的资料,不同标准以上河流有水文站和大中型水利工程的河流数及其占比见表 1.3-1。由此可见,对于大量的中小河流而言,如流域面积为 $50 \sim 300 \ km^2$ 的河流,干流有水文站的河流数量(182 条)占总河流数量(33 338 条)的比例只有 0.5%,大部分河流属无观测站的情形;干流有大中型水库的河流数量(1 427 条)的占比为 4.3%,流域有大中型水库的河流数量(1 708 条)的占比为 5.1%,比干流有水文站的河流数量的占比约高 10 倍,水文资料一致性受影响的河流数量比干流有水文站的河流数量多很多。对于大江大河而言,如流域面积在 $5\ 000\ km^2$ 及以上的河流,干流有水文站的河流数量(345 条)占总河流数量(454 条)的比例为 76.0%,干流有大中型水库的河流数量(259 条)占比为 57.0%,流域有大中型水库的河流数量(322 条)占比为 70.9%,与干流有水文站的河流数量的占比在同一个数量级,水文资料一致性受影响的河流数量与干流有水文站的河流数量比较接近。根据《全国水文统计年报(2018)》的数据,国家基本水文站作为骨干站网保持基本稳定,有 3 154 处;专用水文站有 4 099 处,2010 年后逐年增加,新建水文站数量占总水文站数量的比例为 56.0%,水文资料代表性比较差的情况明显。

表 1.3-1　不同标准以上河流有水文站和大中型水库的河流数量及其占比

河流流域面积 （km^2）	山地河流数量	干流有水文站的河流		干流有大中型水库的河流		流域有大中型水库的河流	
		数量	占比（%）	数量	占比（%）	数量	占比（%）
≥50	40 503	1 549	3.8	2 850	7.0	3 708	9.2
≥100	21 096	1 506	7.1	2 325	11.0	3 119	14.8
≥300	7 165	1 367	19.1	1 423	19.9	2 000	27.9
≥500	4 362	1 254	28.7	1 068	24.5	1 524	34.9
≥1 000	2 221	995	44.8	709	31.9	995	44.8
≥3 000	719	498	69.3	368	51.2	466	64.8
≥5 000	454	345	76.0	259	57.0	322	70.9
≥10 000	228	188	82.5	146	64.0	178	78.1

注:山地河流是指流域内地形起伏较大、流域地表边界能够清晰界定的河流。

1.3.2　水文资料短缺的科学问题

水文资料短缺的科学问题既涉及寻找水文规律的水文学基础科学问题,又涉及变化环境条件下水文机理、物理机制变化的科学问题,同时包括解决满足应用要求的关键技术问题,如预测预报技术方法等关键技术问题等。

国际水文科学协会(IAHS)于 2003 年提出了为期 10 年的水文资料缺乏流域水文预测预报(The Prediction in Ungaged Basins,简称 PUB)的科学计划,从水文数据获取、水文过程理解、模拟模型、不确定性及诊断、流域分类、新理论方法等六个方面开展研究。联合国教科文组织国际水文计划(UNESCO-IHP)第七阶段(2008—2013 年)和第八阶段(2014—2021 年)规划了气候变化对水文循环的影响、变化环境下的地下水等主题。

IAHS 和 IHP 计划的核心问题是关于水文循环规律的理解和认识问题。水文循环规律与陆面生态系统、生物地球化学系统密切相关,因此这些计划研究的是较为复杂的多圈层的交叉和耦合问题。水文循环规律的理解和认识,需要深入了解水文循环与生物圈、岩石圈、大气圈的界面微观动力学过程,而界面微观动力学过程的认识需要系统的科学实验体系来支撑。此外,水文循环规律的空间异质性问题和尺度问题、水文循环与生物地球化学过程的协同演变也需要新的理论和方法。IAHS 于 2019 年 7 月仿照希尔伯特(Hilbert)23 道 20 世纪最重要数学问题的形式公布了未来水文领域的 23 个未解决问题,分"时间的可变性和变化""空间的可变性和尺度""极值的可变性""水文学的界面""观测和数据""模拟方法""社会的界面"七个主题,每个主题涉及 2~4 个问题。23 个未解决问题的焦点集中于不同时间和空间尺度上水文变化的过程及因果关系、变化环境对水文学科及相关学科的跨边界影响和强人类活动的衍生问题。

由此可见,水文资料短缺的科学问题较为复杂,与现代水文科学的发展密切相关,亟须新的视野、新的手段、新的理论,以及更多的努力去探索解决该科学问题的方法。

1.3.3 水文资料短缺的影响

(1)对洪水预报预警的影响

在洪水预报预警方面,水文资料短缺是指水文资料(历史流量资料和实时雨水情资料)不满足洪水预报预警的应用需求,其影响主要包括对流域洪水特性的理解、流域场次洪水模拟模型的设计和选择、模拟模型参数的率定方法和检验、流域洪水预报预警技术方法等方面的影响。

历史流量资料短缺的影响侧重对流域洪水特性的了解、流域场次洪水模拟模型的设计和选择、模拟模型参数的率定方法和检验等方面的影响,一般侧重于中小河流。实时雨水情资料短缺的影响侧重对流域洪水预报预警技术方法的影响,包括对多源数据融合技术、实时校正技术、预警方法等方面的影响。

水文资料短缺对洪水预报预警业务的影响较大,直接影响到预报方案的编制及等级和预报预警的技术方法。随着空基、天基雨水情监测技术和短期气象数值预报技术方法的发展,实时雨水情资料短缺的影响得到一定的控制,不过由于中小河流的预见期短,这种抑制对中小河流的作用很有限。

(2)对水资源预测预报的影响

对于水资源的预测预报,水文资料短缺的影响是指水文资料缺乏和不足对水资源预测预报业务的影响,主要包括对流域径流特性的了解、流域径流模拟模型的设计和选择、模拟模型参数的率定方法和检验、流域径流预测预报技术方法等方面的影响。

历史流量资料短缺的影响侧重对流域径流特性的了解、流域径流模拟模型的设计和选择、模拟模型参数的率定方法和检验等方面的影响,一般侧重于大中河流。现状雨水情资料短缺的影响侧重对流域径流预测预报技术方法的影响,包括对多源数据融合技术等方面的影响。

1.4 水文资料短缺地区的洪水预报方法

自然界中的水文过程极为复杂,受多种因素的影响,通常采用概化的水文模型进行预报,模型参数主要受地形、地貌、下垫面等特征的影响。在大部分流域,水文模型参数通过大量的历史径流资料来率定。但无资料或资料缺乏地区的洪水预报的关键问题就是在资料不足的条件下,如何率定模型的参数。

无径流资料流域水文预报的常用方法包括水文比拟法、参数等值线图法、相似流域法、径流系数法、地区经验公式法、随机模拟法等。传统方法的主要思想一般是资料和参数的移用,但是参考站(流域)的选择并没有有效的方法,在很大程度上受到预报者主观经验的影响。径流特征值的空间变化与流域物理特性及气象因素等密切相关,区域化方法(Regionalization)即在这种基础上发展起来,它通过流域属性寻找目标流域(无资料流域)的参考流域(有资料流域),利用有资料流域的模型参数推求无资料流域的模型参数,从而对无资料流域进行预警预报。区域化的常用方法包括距离相近法、属性相似法和回归法三种方法。① 距离相近法是指找出与研究流域(无资料流域)距离相近的一个(或者多个)流域(有资料流域),并将其参数作为研究流域的参数,其研究根据是同一区域的物理和气候属性相对一致,因此相邻流域的水文行为相似;② 属性相似法是指找出与研究流域属性(如土壤、地形、植被和气候等)相似的流域,并将其参数作为研究流域的参数;③ 回归法是指根据有资料流域的模型参数和流域属性,建立二者之间的多元回归方程,从而利用无资料流域的流域属性推求其模型参数。

相似流域的选取通常采用一种或几种地形、地貌特征参数的综合指数(如地形指数)作为属性判别,寻找相似流域,而后进行参数的移用或分析。因不同模型参数的物理意义不同,仅依据某种或几种流域特征参数进行判别不够全面,难以反映真正的流域相似;而采用所有流域特征分析存在信息量大、分类复杂,无法判断的问题。

目前无资料地区参数通常采用移用或回归分析确定。移用时通常先找到参照流域,而后所有参数统一移用;回归分析则先确定进行分析的流域,而后在同样的流域群中分析每个参数。但实际上,水文模型中每个参数代表的物理意义不同,而每个流域都有其独特性,很难找到与模型中所有参数的相关特征均相似的流域。因此,无资料或资料缺乏地区的模型参数确定是该领域研究的热点和难点问题。

参考文献

[1] ABDULLA F A, LETTENMAIER D P. Development of regional parameter estimation equations for a macroscale hydrologic model[J]. Journal of Hydrology,1997, 197(1-4):230-257.

[2] BÁRDOSSY A. Calibration of hydrological model parameters for ungauged catchments[J]. Hydrology and Earth System Sciences,2007, 11(2):703-710.

[3] BLÖSCHL G, SIVAPALAN M, WAGENER T, et al. Runoff prediction in ungauged basins. Synthesis across processes, places and scales[M]. Cambridge:Cambridge University Press, 2013.

［4］ HRACHOWITZ M，SAVENIJE H H G，BLÖSCHL G，et al. A decade of Predictions in Ungauged Basins (PUB)—a review[J]. Hydrological Sciences Journal，2013，58(6)：1198-1255.

［5］ HUNDECHA Y，ZEHE E，BÁRDOSSY A. Regional parameter estimation from catchment properties prediction in ungauged basins[J]. Proceedings of the PUB Kick-off Meeting，2007，309：22-29.

［6］ MCINTYRE N，LEE H，WHEATER H，et al. Ensemble predictions of runoff in ungauged catchments[J]. Water Resources Research，2005，41(12)：W12434.

［7］ SIVAPALAN M，TAKEUCHI K，FRANKS S W，et al. IAHS Decade on Predictions in Ungauged Basins (PUB)，2003—2012：Shaping an exciting future for the hydrological sciences[J]. Hydrological Sciences Journal，2003，48 (6)：857-880.

［8］ YADAV M，WAGENER T，GUPTA H V. Regionalization of constraints on expected watershed response behavior for improved predictions in ungauged basins[J]. Advances in Water Resources，2007，30(8)：1756-1774.

［9］ ZHANG Y Q，CHIEW F H S. Relative merits of different methods for runoff predictions in ungauged catchments[J]. Water Resources Research，2009，45(7)：W07412.

［10］刘志雨,刘玉环,孔祥意.中小河流洪水预报预警问题与对策及关键技术应用[J].河海大学学报(自然科学版),2021,49(1):1-6.

［11］秦大河,张建云,闪淳昌,等.中国极端天气气候事件和灾害风险管理与适应国家评估报告(精华版)[M].北京:科学出版社,2015.

［12］中华人民共和国水利部.全国防洪规划:2008—2009 [R].[出版地不详]:[出版者不详],2009.

［13］水利部水文司.全国水文统计年报(2018)[M].北京:中国水利水电出版社,2018.

［14］魏一鸣,金菊良,杨存建,等.洪水灾害风险管理理论[M].北京:科学出版社,2002.

［15］张建云.关于"十二五"水利建设中几个问题的思考[J].中国水利,2011(6):30-32.

第二章

水文资料系列分析诊断方法

水文资料是通过观测、调查、计算分析等手段得到的与水文有关的各项资料,长系列水文资料在一定程度上反映了流域或区域的水文特征及其变化规律,而这些特征值和变化规律可以通过对水文资料的分析诊断得到。水文系列的趋势性分析、周期性分析和突变性诊断是水文资料系列分析的主要内容。水文资料系列的分析诊断是水文分析计算的重要基础。

2.1　趋势分析方法

　　(1) 线性回归法

　　线性回归法通过建立年径流序列 y_t 与相应的时序 t 之间的线性回归方程来检验时间序列的线性变化趋势。该法可以给出年径流序列是否具有递增或递减的线性趋势。其线性回归方程为

$$y_t = at + b \tag{2-1}$$

式中:y_t 为实测流量序列;t 为时序($t = 1,2,\cdots,n,n$ 为序列长度);a 为斜率,表征时间序列的平均趋势变化率;b 为截距。a 和 b 的估计如下式所示:

$$\hat{a} = \sum_{t=1}^{n}(y_t - \overline{y})(t - \overline{t}) / \sum_{t=1}^{n}(t - \overline{t})^2 \tag{2-2}$$

$$\hat{b} = \overline{y} - \hat{a}\overline{t} \tag{2-3}$$

式中:$\overline{y}$ 和 $\overline{t}$ 分别为 y_t 和 t 的均值。

　　(2) 滑动平均法

　　年径流序列 $y_1,y_2,\cdots,y_n$ 的几个前期值和后期值取平均,求出新的序列 z_t,使原序列光滑化,这就是滑动平均法。数学式如下式所示:

$$z_t = \frac{1}{2k+1}\sum_{i=-k}^{k}y_{t+i} \tag{2-4}$$

　　若 y_t 具有趋势成分,选择合适的 k,z_t 就能把 y_t 的趋势性特征清晰地显示出来。

　　(3) Mann-Kendall 秩次检验相关法

　　Mann-Kendall秩次检验相关法是一种检测数据趋势的非参数分析方法。对于年径流序列 $x_1,x_2,\cdots,x_n$(n 为样本数),所有对偶观测值(x_i,x_j)($j > i$)中 $x_i < x_j$ 出现的个数设为 k。顺序的(i,j) 子集是($i = 1,j = 2,3,4,\cdots,n$),($i = 2,j = 3,4,5,\cdots,n$),$\cdots$,($i = n - 1,j = n$)。如果按顺序前进的值全部大于前面的值,这是一种上升的趋势,$k = n(n - 1)/2$;如果序列全部倒过来,则 $k = 0$,为下降趋势。对无趋势的年径流序列,k 的数学期望为 $E(k) = n(n - 1)/4$。

　　研究序列有无趋势成分,需进行检验,构造统计量如下式所示:

$$U = \frac{\tau}{[\mathrm{var}(\tau)]^{1/2}} \tag{2-5}$$

其中,

$$\tau = \frac{4k}{n(n-1)} - 1 \tag{2-6}$$

$$\mathrm{var}(\tau) = \frac{2(2n+5)}{9n(n-1)} \tag{2-7}$$

统计量 U 被称为 Mann-Kendall 秩次相关系数,当 n 增加时,U 很快收敛于标准正态化分布。假设原序列为无趋势,当给定显著水平 α 后(这里取 0.05,下同),在正态分布表中查出临界值 $U_{\alpha/2}$。当 $|U| < U_{\alpha/2}$,接受原假设,即趋势不显著;当 $|U| > U_{\alpha/2}$,拒绝原假设,即趋势显著。而且当 $U > 0$,序列呈上升趋势;当 $U < 0$,序列呈下降趋势。

(4)Spearman 秩次检验相关法

Spearman 秩次检验相关法是一种无参数(与分布无关)的检验方法,用于度量变量之间联系的强弱。分析序列 x_t 与时序 t 的相关关系,在运算时,x_t 用其秩次 R_t(即把序列 x_t 从大到小排列时,x_t 所对应的序号)代表,相同数值的秩取编号的最大值,t 仍为时序($t = 1,2,\cdots,n$),秩次相关系数如下式所示:

$$r = 1 - \frac{6\sum\limits_{t=1}^{n} d_t^2}{n^3 - n} \tag{2-8}$$

式中:n 为序列长度;$d_t = R_t - t$。显然,当秩次 R_t 与时序 t 相近时,d_t 小,秩次相关系数 r 大,趋势显著。相关系数 r 是否异于零,可采用 t 检验法。统计量 T 的计算公式如下式所示:

$$T = r \left(\frac{n-4}{1-r^2} \right)^{1/2} \tag{2-9}$$

统计量 T 被称为 Spearman 秩次相关系数,服从自由度为 $n-2$ 的 t 分布。假设原序列为无趋势,当给定显著水平 α 后,在 t 分布表中查出临界值 $t_{\alpha/2}$。当 $|T| < t_{\alpha/2}$,接受原假设,即趋势不显著;当 $|T| > t_{\alpha/2}$,拒绝原假设,即趋势显著。而且 $T < 0$,序列呈上升趋势;$T > 0$,序列呈下降趋势。

2.2 变异点诊断方法

(1)有序聚类分析法

有序聚类分析法的思想可以用"物以类聚"来形容。在分类时,若不能打乱次序,这样的分类被称为有序分类。以有序分类来推估最可能的突变点 τ,其实质是寻求最优分割点,使同类之间的离差平方和较小,而类与类之间的离差平方和较大。对于洪水序列 x_1, $x_2,\cdots,x_n$,最优二分割法的要点如下:

设可能的突变点为 τ,则突变前后的离差平方和可以分别表示为

$$V_\tau = \sum_{i=1}^{\tau} (x_i - \overline{x}_\tau)^2; \quad V_{n-\tau} = \sum_{i=\tau+1}^{n} (x_i - \overline{x}_{n-\tau})^2 \tag{2-10}$$

式中:$\overline{x}_\tau = \frac{1}{\tau}\sum\limits_{i=1}^{\tau} x_i$,$\overline{x}_{n-\tau} = \frac{1}{n-\tau}\sum\limits_{i=\tau+1}^{n} x_i$ 分别为 τ 前后两部分的均值。

总离差平方和为

$$S_n(\tau) = V_\tau + V_{n-\tau} \tag{2-11}$$

当满足 $S = \underset{2<\tau<n-1}{\text{Min}} \{S_n(\tau)\}$ 时，τ 为最优二分割点，可推断 τ 为最可能的突变点。

（2）Mann-Kendall 突变检验法

当 Mann-Kendall 法用于检验序列突变性时，需构造一个秩序列 d_k，即

$$d_k = \sum_{i=1}^{k} m_i \quad (k = 2,3,4,\cdots,n) \tag{2-12}$$

式中：

$$m_i = \begin{cases} 1, & x_i > x_j \\ 0, & x_i \leqslant x_j \end{cases} \quad (j = 1,2,\cdots,i) \tag{2-13}$$

在时间序列随机独立的假定下，d_k 的均值和方差可由下式计算：

$$E(d_k) = \frac{k(k-1)}{4} \tag{2-14}$$

$$\text{var}(d_k) = \frac{k(k-1)(2k+5)}{72} \tag{2-15}$$

定义统计量

$$UF_k = \frac{d_k - E(d_k)}{\sqrt{\text{var}(d_k)}} \tag{2-16}$$

按时间序列逆序，再重复上述过程，同时使 $UB_{k'} = -UF_k (k' = n+1-k)$，由 UF_k 绘出曲线 C_1，由 $UB_{k'}$ 绘出曲线 C_2。若 UF_k 或 $UB_{k'}$ 的值超过临界直线，表明序列上升或下降趋势显著。如果曲线 C_1 和 C_2 出现交点，且交点在临界线之内，那么交点对应的时刻便是突变开始的时间。

2.3　周期性分析方法

（1）功率谱分析

功率谱分析可以将时间序列的能量分解到不同频率上，根据不同频率分量的方差贡献可识别出原序列的周期成分。设年径流序列为 $x_1，x_2，\cdots，x_n$，功率谱分析步骤如下：

步骤一：计算样本滞时 j 的自相关系数 $r(j)(j = 1,2,\cdots,m)$，m 为最大滞时。当 m 较大时，谱的峰值较多，但所有峰值并不表明为周期，这有可能是估计偏差造成的虚假现象。当 m 较小时，谱估计过于光滑，不容易出现峰值，难以确定出主要周期。因此，m 的选取十分重要，一般 m 取 $n/10 \sim n/3$，n 不大时，可取 $m = n/2$。

步骤二：计算不同波数 k 下的粗功率谱，即

$$\overline{S}_k = \frac{1}{m}\left[r(0) + 2\sum_{j=1}^{m-1} r(j)\cos\frac{k\pi j}{m} + r(m)\cos k\pi\right] \quad (k = 0,1,\cdots,m) \tag{2-17}$$

在实际计算中考虑端点特性,常采用下列形式:

$$\begin{cases} \overline{S}_0 = \dfrac{1}{2m}[r(0)+r(m)] + \dfrac{1}{m}\sum_{j=1}^{m-1} r(j) \\[2mm] \overline{S}_k = \dfrac{1}{m}\left[r(0) + 2\sum_{j=1}^{m-1} r(j)\cos\dfrac{k\pi j}{m} + (-1)^k r(m)\right] \quad (k=1,\cdots,m-1) \\[2mm] \overline{S}_m = \dfrac{1}{2m}[r(0)+(-1)^m r(m)] + \dfrac{1}{m}\sum_{j=1}^{m-1}(-1)^j r(j) \end{cases} \quad (2\text{-}18)$$

步骤三:粗功率谱与真实谱 S_k 有一定误差,需做平滑处理。当采用 Hanning 窗时,平滑公式为

$$\begin{cases} S_0 = 0.5\overline{S}_0 + 0.5\overline{S}_1 \\ S_k = 0.25\overline{S}_{k-1} + 0.5\overline{S}_k + 0.25\overline{S}_{k+1} \\ S_m = 0.5\overline{S}_{m-1} + 0.5\overline{S}_m \end{cases} \quad (2\text{-}19)$$

步骤四:以 k 为横轴、S_k 为纵轴,绘制功率谱图。峰值对应的波数 k 相应的 T 有可能为周期,$T=2m/k$。

步骤五:周期 T 是否显著,必须进行检验。首先判断样本序列总体谱类型。若 $r(1) > \rho_{ca}$,则序列可能来自红噪声,总体谱取红噪声谱;反之,取白噪声谱。

对于红噪声,其标准谱为

$$S_{0k} = \overline{S}\left[\frac{1-r^2(1)}{1+r^2(1)-2r(1)\cos\dfrac{\pi k}{m}}\right] \quad (k=0,1,\cdots,m) \quad (2\text{-}20)$$

式中:

$$\overline{S} = \frac{1}{m+1}\sum_{i=0}^{m} S_i \quad (2\text{-}21)$$

对于白噪声,其标准谱为

$$S_{0k} = \overline{S} \quad (k=0,1,\cdots,m) \quad (2\text{-}22)$$

式中:$\overline{S}$ 同上。

构造统计量

$$S'_{0k} = S_{0k}\left[\frac{\chi^2(\alpha)}{\upsilon}\right] \quad (2\text{-}23)$$

式中:α 为给定的显著性水平;$\chi^2(\alpha)$ 是遵从自由度为 υ 的 χ^2 分布,其中 $\upsilon = (2n - 0.5m)/m$。当 $S_k > S'_{0k}$ 时,表明 k 对应的周期是显著的;反之,周期不显著。

上面的 ρ_{ca} 计算如下:

$$\rho_{ca} = \frac{t_a}{\sqrt{n-2+t_a^2}} \tag{2-24}$$

式中：t_a 为显著性水平 α 的自由度为 $n-2$ 的 t 分布临界值。

（2）小波分析法

小波分析是一种可调时频窗的分析方法，能对时间序列进行多时间尺度分析。通过对年径流序列进行小波分析，可以得到一些主要尺度的变化过程，进而分析径流周期特性。小波分析的关键是小波变换。对于径流时间序列，小波变换为

$$W_f(a,b) = |a|^{-\frac{1}{2}} \int_{-\infty}^{+\infty} f(t)\overline{\psi}\left(\frac{t-b}{a}\right) \mathrm{d}t \tag{2-25}$$

式中：a 为尺度因子，$1/a$ 在一定意义上对应于频率 w，反映小波的周期长度；b 为时间因子，反映时间上的平移；$\psi(t)$ 为母小波；$W_f(a,b)$ 为小波变换系数。

实际上，时间序列常是离散的（如本书的径流序列），其离散形式可表示为

$$W_f(a,b) = |a|^{-\frac{1}{2}} \Delta t \sum_{k=1}^{n} f(k\Delta t)\overline{\psi}\left(\frac{k\Delta t-b}{a}\right) \tag{2-26}$$

式中：$k = 1,2,\cdots,n$；Δt 为取样时间间隔。$W_f(a,b)$ 能同时反映时域参数 b 和频域参数 a 的特性，它是时间序列 $f(t)$ 或 $f(k\Delta t)$ 通过单位脉冲相应的滤波器的输出。当 a 较小时，对频域的分辨率低，对时域的分辨率高；当 a 增大时，对频域的分辨率高，对时域的分辨率低。

$W_f(a,b)$ 随参数 a 和 b 变化，可作出以 b 为横坐标、a 为纵坐标的关于 $W_f(a,b)$ 的二维等值线图，称之为小波变换系数图。通过小波变换系数图可得到关于时间序列变化的小波变化特征。在尺度 a 相同的情况下，小波变换系数随时间的变化过程反映了系统在该尺度下的变化特征：正的小波变换系数对应于偏多期，负的小波变换系数对应于偏少期，小波变换系数为零对应着突变点；小波变换系数绝对值越大，表明该时间尺度变化越显著。

母小波函数采用 Morlet 复小波，表示为 $\psi(t) = \mathrm{e}^{ict}\mathrm{e}^{-t^2/2}$。运用小波方法对年径流进行多尺度分析，进而了解年径流在不同时间尺度上的变化。为方便计算，将年径流序列距平化处理，计算小波变换系数。

将时间域上关于尺度 a 的所有小波变换系数的平方进行积分，即为小波方差：

$$\mathrm{var}(a) = \int_{-\infty}^{\infty} |W_f(a,b)|^2 \mathrm{d}b \tag{2-27}$$

在一定尺度下，$\mathrm{var}(a)$ 表示年径流序列中该尺度周期波动的强弱（能量大小）。小波方差随尺度变化的过程，被称为小波方差变化图。通过此图可确定一个时间序列存在的主要时间尺度，即主周期。

Morlet 复小波的时间尺度 a 与周期 T 有如下关系：

$$T = \left[\frac{4\pi}{c+\sqrt{2+c^2}}\right]a \tag{2-28}$$

第二章　水文资料系列分析诊断方法

参考文献

［1］金光炎. 线性矩法的特点评析和应用问题[J]. 水文,2007(6)：16-21.

［2］黄振平,陈元芳. 水文统计学[M]. 北京：中国水利水电出版社,2011.

［3］王文圣,金菊良,李跃清. 水文随机模拟进展[J]. 水科学进展,2007(5)：768-775.

［4］丛树铮,谭维炎,黄守信,等. 水文频率计算中参数估计方法的统计试验研究[J]. 水利学报,
    1980(3)：1-15.

［5］宋松柏. 水文频率计算研究面临的挑战与建议[J]. 水利与建筑工程学报,2019,17(2)：12-18.

［6］董洁,谭秀翠,张庆华,等. 水文频率分析的非参数统计计算方法[J]. 中国农村水利水电,
    2018(7)：5-8＋14.

［7］丛树铮. 水科学技术中的概率统计方法[M]. 北京：科学出版社,2010.

［8］刘光文. 皮尔逊 Ⅲ 型分布参数估计[J]. 水文,1990(4)：1-15.

［9］盛骤,谢式千,潘承毅. 概率论与数理统计[M]. 4 版.北京：高等教育出版社,2008.

［10］胡义明,梁忠民,杨好周,等. 基于趋势分析的非一致性水文频率分析方法研究[J]. 水力发电学
    报,2013,32(5)：21-25.

［11］薛小杰,蒋晓辉,黄强,等. 小波分析在水文序列趋势分析中的应用[J]. 应用科学学报,2002(4)：
    426-428.

［12］叶磊,周建中,曾小凡,等. 水文多变量趋势分析的应用研究[J]. 水文,2014,34(6)：33-39.

第三章

流域地理特征提取与分析方法

数字高程模型(Digital Elevation Model),简称 DEM,是用一组有序数值阵列形式表示地面高程的一种实体地面模型。数字地形模型(Digital Terrain Model,简称 DTM)描述包括高程在内的各种地貌因子,如坡度、坡向、坡度变化率等因子在内的线性和非线性组合的空间分布。DEM 在水文分析计算中得到了较为广泛的应用,特别是在流域地理要素特征的提取分析、水文水利业务信息平台的开发应用、防洪减灾监测,以及水利运行管理等方面,取得了很好的效果和效益,如汇水区分析、水系网络分析、降雨分析、蓄洪计算、淹没分析等。

3.1　流域属性特征与 DEM

流域属性特征值代表着一个流域的现状特点,相当于流域的身份信息,具体内容包括流域的河网结构特征(水系特征以及水系分级、子流域等)、流域的地貌结构特征(坡度、坡向、地貌参数等)、流域下垫面特征(覆被情况、植被指数、土壤类型等)以及河宽、河道坡降、水深等河道特征和流域内的水文气候特征等,理论上每一个流域都应有其"独一无二"的属性特征。流域属性特征值影响着径流、泥沙及污染物的形成、运移及存储过程,所以,其对水文过程影响很大。由于自然条件的变化以及人类活动的影响,这些属性特征值也是随着时间不断变化的,因此,为了使这些特征值能更好地代表一个流域的物理属性,并使其更易于处理,对所有参数的取值都在某一时间尺度上做了相应的简化。如前所述,对流域的河网以及地貌结构特征的提取一般基于 DEM 数据进行,对流域的下垫面特征则更多地依据遥感影像获取。

DEM 是一种以离散数字形式表示地球表面地形地貌的模型,它用有序数值矩阵的形式描述地面高程的空间分布。可用如下三维向量的有限序列来表示数字高程模型:

$$V_i = (x_i, y_i, z_i) \quad (i = 1, 2, \cdots, n) \tag{3-1}$$

式中:x_i,y_i 分别为地面上第 i 个点的横坐标和纵坐标;z_i 为地面上第 i 个点的高程;n 为地面上点的数目;V_i 为 i 点处的数字高程模型表示。

一般的,当平面位置为规则网格时省略其平面坐标,将 DEM 简化为一维向量序列:

$$V_i = (z_i) \quad (i = 1, 2, \cdots, n) \tag{3-2}$$

DEM 作为地形表面的一种数字表达形式,有如下特点:便于存储、更新、传播和计算机自动处理,增加或改变地形信息只需经过计算机软件即可更新产生实时化的地形图;具有多比例尺特性,如 1 m 分辨率的 DEM 自动涵盖了较大分辨率(如 10 m 和 100 m)的内容,容易以多种形式显示地图信息;精度能持久不变,适用于各种定量分析和三维建模。在进行流域地形提取时,3 种不同格式的 DEM 较为常用:栅格型(Grid)、不规则三角网(TIN)、等高线(Contour)。由于计算处理方法较为简单,在结构上容易与遥感数据相匹配,栅格 DEM 的应用最为广泛,尤其是在流域水文模拟中;但其缺点是难以确定适用于复杂地形的合适的网格大小,网格太小,会产生大量的数据冗余,对计算机处理运行形成负担;网格太大,则难以反映复杂的地形。因此,在使用 DEM 时应综合考虑空间尺度对结果精度的影响。

Arc Hydro 数据模型是由 ESRI 公司和美国得克萨斯州奥斯汀大学水资源研究中心

(CRWR)联合开发推出的一个开放的、基于 COM 类的、可扩展的用于水资源领域的数据模型,Arc Hydro Tools 是这一数据模型的实例化。本章基于 ArcGIS 10.2,借助 Arc Hydro Tools 工具,利用 ASTER GDEM V2 30 m×30 m 栅格 DEM 数据,结合数字化"蓝线"水系,对研究区域河网水系及其地貌特征进行了提取,构建了研究区的数字流域模型;另外利用 Google Earth 软件中的 Google 影像数据结合实地勘测获取平均河宽等河道特征数据,以及结合实测水文气象资料获取相关的水文气候特征值。

3.2 流域河网结构提取

利用数字高程模型提取流域河网结构,是进行地表水流水文分析的基础。目前通用的河网提取方法是由 O'Callaghan 和 Mark 提出的坡面径流模拟算法,它又被称为水流累积算法,依据水文学坡面流概念来判别水流路径:先根据每一栅格单元与相邻单元之间的最陡坡度识别求取沿水流路径集水面积累计值,再选择合适的水道集水面积定值来确定河网。该方法简单易行,可以直接生成连续的河网,然而对于较复杂的凹陷与平坦处水流方向的确定却无能为力。Garbrencht 等采用了填平的方法来解决凹陷的问题,即将洼地内所有栅格单元垫高至洼地周围最低栅格单元的高程,使生成的河网可以连续。对 DEM 原先存在的或经过垫高产生的平坦区域,则采用高程增量叠加算法设定平坦网格内的水流方向,即通

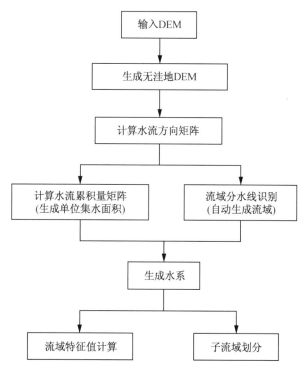

图 3.2-1　DEM 水文分析流程

过平坦栅格单元高程值的微调(增高)产生整个研究区域内合理的汇流水系。

上述过程通过数字高程流域水系模型来实现,其主要内容包括无洼地 DEM、水流方向矩阵和水流累积量矩阵等 3 个基本水文因子数字矩阵的生成以及基于 DEM 的地表水流路径、河网和流域边界的提取方法。其具体流程如图 3.2-1 所示。

3.2.1　基本水文因子数字矩阵的生成

1) 无洼地 DEM

洼地是指近似封闭的比周围地面低洼的地形,反映在 DEM 上即高程小于相邻周边的点。在重力作用下水流趋向于向低洼地势流动,栅格 DEM 每个网格上产生的径流都会流向相邻网格中比它低的网格,由此即可判断出各网格上的径流方向。将整幅 DEM 上径

流方向一致的网格连接起来,即可得到流域流水网。在自然流域中,一个网格上产生的径流可能流向相邻的若干个比它低的网格,即每个网格有若干个径流方向,称之为多方向模型。该模型较好地模拟了径流过程,但结构复杂,一个网格的各方向间的比例难以确定,生成的流水网存在许多分叉,难以进行进一步的空间分析。为此,将实际汇流过程进一步概化,认为一个网格上的径流只流向其八个相邻网中坡度最陡的网格,即一个网格只有一个流向。

然而,由于洼地的存在使流向栅格的径流无法向其相邻的八个方向中的任一方向流动,于是在洼地网格上就形成了汇。确定栅格 DEM 上的洼地即为汇(Sink)的识别。导致 DEM 数据中出现汇的最常见原因是数据内存在错误,这类错误主要由采样效果或将高程值取舍为整数产生。除了在冰川和喀斯特地貌区,在像元大小为 10 m 或更大的高程数据中出现自然产生的汇极其罕见,通常可将其视为数据错误。在确定水流方向之前,必须先将数据错误产生的洼地填充(图 3.2-2),而对真实存在的洼地(如岩洞、落水洞等)分情况进行处理。经过处理的移除所有汇的 DEM 称之为无洼地 DEM。

目前,消除洼地的常用方法有滤波法和填洼法。滤波法可以消除孤立的、较浅的洼地,而保留较大的洼地;填洼法可以消除所有的洼地,但会产生大片平坦的地形。上述两种方法都有可能改变原有的地形,从而导致不能正常产生流域的汇流网格。因此,钱亚东等针对黄土高原丘陵沟壑地区的复杂地形特征提出了不对 DEM 数据进行滤波和填洼处理,即不改变原始地形特征自动生成水流方向与汇流网络的完整算法。李志林等则把洼地分为不同的类型:单点洼地、独立洼地和复合洼地,对不同类型的洼地采用不同的方法分别处理。

2)水流方向矩阵

水流方向是指水流离开网格时的指向,它决定着地表径流的方向及网格单元之间流量的分配。确定各个网格点的水流方向,是利用 DEM 进行流域河网结构提取的基础。在目前的研究中,判断水流方向的方法大致可分为单流向算法和多流向算法。

(1)单流向算法

单流向算法假定一个网格中的水流只从一个方向流出网格。其中,D8 算法是较早提出并得到广泛应用的一种单流向算法。该方法采用 3×3 的栅格窗口进行滑动计算(图 3.2-3),8 个方向分别赋予不同的编码记录水流方向,计算中心网格点与其周围邻近的 8 个网格点之间的坡降,按最陡坡降原则确定中心网格点的流向。如图 3.2-3(b)所示,中心网格流向为东南方向,根据图 3.2-3(a),其水流方向赋值为 2。

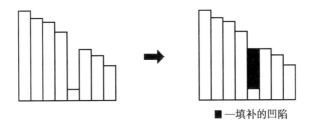

■—填补的凹陷

图 3.2-2　洼地填充示意图

图 3.2-4 给出了由原始 DEM 确定水流方向的具体步骤。

32	64	128
16	X	1
8	4	2

305	302	291
302	297	288
293	281	274

(a) 水流方向编码　　　　(b) 单流向算法示意

图 3.2-3　D8 算法

步骤一:判断中心单元与周围的 8 个相邻单元的高程差,如果为洼地,则给定负值,并通过填洼过程处理;

步骤二:计算与相邻单元的距离权重高程差,即高程差除以距离,当为对角方向时,距离为 $\sqrt{2}$,其他方向为 1;

步骤三:根据计算值确定最陡的方向,水流方向指向该方向。

218	211	213	206	208	213
214	203	193	195		205
209	197	190	188		207
189	188	191	197	205	216
182	189	194	205	212	218
184	188		207	213	227

218	211	213	206	208	213
214	203	193	195		205
209	197	190			207
189	188	191	197	205	216
182	189	194	205	212	218
184	188		207	213	227

(a) 原始 DEM 值　　　　(b) 填洼处理后的值

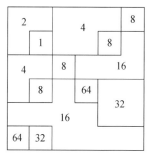

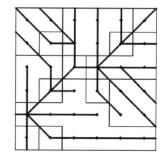

(c) D8 算法计算的流向值　　　　(d) 水流流向

图 3.2-4　确定水流方向的步骤

D8 算法对自然情况下的水流方向进行了极大的概括,认为中心网格为产流的源,河道则用一维的线来描述,将自然状态下的水流方向的无穷种可能性概化为 8 种可能流向,因此称其为 D8 算法。由于该法对 DEM 的处理和应用较为简单,因而实用性较强,应用范围也较广。为解决 D8 算法限定水流方向的局限性,Fairfield 和 Leymarie 提出了引入概率决定水流方向的 Rho8 法;Lea 提出了基于坡向驱动的 Lea 方法;等等。

（2）多流向算法

不同于单流向算法,多流向算法认为水流方向具有不确定性,即中心网格上产生的径流有可能流向 8 个邻域网格中的某几个,流入每个邻域网格的流量按照梯度比进行分配。其计算公式如下:

$$f_{ij} = \frac{S_{ij}^p}{\sum S_{ij}^p} \tag{3-3}$$

$$S_{ij} = \frac{Z_i - Z_j}{\sqrt{(X_i - X_j)^2 + (Y_i - Y_j)^2}} \tag{3-4}$$

式中:f_{ij} 为从网格 i 分给网格 j 的部分流量;p 为无量纲常数;S_{ij} 为从网格 i 到网格 j 的方向坡度;X,Y 为网格单元的平面直角坐标;Z 为网格单元的高程。

多流向算法在模拟水流时,比单流向算法更切合实际,但确定大流域的栅格流向比较耗时。虽然多流向算法能够很好地模拟河流源区的水道,但是对水道发育完好的辐合水流区域,单流向算法能够给出最优的结果,因而单流向算法被广泛采用。

3）水流累积量矩阵

水流累积量矩阵表示区域地形每点的流水累积量,它可以采用区域地形曲面的流水模拟方法得到。流水模拟可以用区域 DEM 的水流方向矩阵来进行。其基本思想是:它认为以规则网格表示的数字地面高程模型每点处有一个单位的水量,按照水从高处流向低处的自然规律,根据区域地形的水流方向矩阵计算每点处所流过的水量数值,便可以得到该区域水流累积数字矩阵。在此过程中实际上使用了权值为 1 的权矩阵,如果考虑特殊情况（如降水不均匀）,则可以使用特定的权矩阵,以更精确地计算水流累积值。

对图 3.2-4(c)中流向值矩阵进行累积量计算,结果如图 3.2-5 所示。

0	0	0	0	0	0
0	1	4	1	3	0
0	1	19	13	2	0
1	23	0	1	1	0
35	2	1	0	0	0
0	4	3	2	1	0

图 3.2-5　流量累积量矩阵

水流累积矩阵的每一个网格的值代表着注入该网格的所有的栅格数目,高流量像元是集中流动区域,可用于标识河道;流量为 0 的像元是局部地形高点,可用于标识山脊。如果 DEM 是只有一个出口的封闭流域,流域出口的水流累积量应该是栅格数减 1。

3.2.2　流域边界、水系生成及子流域划分

在确定了上述 3 个基本水文因子数字矩阵的基础上,可以进一步确定流域边界、河网水系以及子流域划分。

（1）流域边界的确定

首先，需要给定流域出口断面的大致位置，即找到出口断面所在网格的行列坐标，然后按前述确定的水流方向矩阵，采用如下搜索步骤确定流域边界。

步骤一：建立一个与流向矩阵相同的矩阵，并全部置为 0；

步骤二：确定出口位置，将出口位置网格置为 1；

步骤三：根据流向矩阵，搜索网格为 1 的相邻网格，凡是指向该网格的都置为 1；

步骤四：重复步骤三，直到搜索完成。

确定出流域边界以后，便可据此计算出流域面积。

（2）水系生成及子流域划分

在生成水系时，应给定一个最小水道给养面积，也称河道临界支撑面积，一般可定义为维持一条河道永久性存在所需要的最小集水面积。具有临界支撑面积的地方，一般被认为是河网的一部分。在进行 DEM 河网水系提取时，一般假定临界支撑面积是一个常数，即在流域内任何地点都相同。而实际上，临界支撑面积取决于很多因素，如地面坡度、土壤性质、地下水情况、地表植被、气候条件等，在流域内各处是不一定完全相同的。因此，在用临界支撑面积这一单一参数来反映河网发育的因子之间相互作用的关系时，适合应用于下垫面相对均一的区域，而当区域内存在截然不同的地貌分类时，就必须在不同的位置设置不同的水道给养面积阈值。当水道给养面积取一个常数值时，从 DEM 提取的流域河网水系会与实际情况有些差别。但是，水道给养面积的选择对预测和确定主要河道的空间位置影响不大。

目前，确定集水面积阈值的方法大致有以下几类。

① 试错法。将不同阈值得到的水系与实际水系对比，采用比较相符的那一个。由于该法仅凭目测认为评估，因此具有相当大的误差与主观性。

② 河网密度法。该法认为集水面积阈值与河网密度关系曲线趋于平缓时所对应的点为合理的集水面积阈值。

③ 河道平均坡降法。该法依据地貌学理论中凹型坡与凸型坡的形成条件，寻求集水面积阈值与数字水系平均坡降关系曲线的转折点，认为该点所对应的集水面积即为临界集水面积。

上述 3 种方法均存在一定的主观性以及不确定性，据此提取的水系存在相当的误差。

④ 水系分形维数法。该法引入分形理论，用处理后的单宽电子水系代替实际水系，利用水系分形维数来验证上述方法确定的集水面积阈值所提取的数字水系与实际水系的接近程度，减弱了数字水系提取中人为因素的影响。但由于"蓝线"水系在数字化过程中存在诸多误差，故该法精度较低。

⑤ 流域宽度分布法。该法借助于流域宽度方程，利用不同阈值情况下的流域的不同宽度分布，与数字化"蓝线"计算出的流域实际宽度进行对比，从而获得相对准确的阈值。但由于坡面径流模拟算法提取的河网在小尺度上与实际河网完全吻合的情形几乎不存在，因此该法在小流域河网提取中精度较差。

根据确定的临界支撑面积的阈值，将流域内集水面积超过该值的网格点作为有水道的区域。然后给定一个最小水道长度，当 1 级河流的长度小于此值时，则认为生成的水道为伪水道，予以删除。这样，最终生成流域水系。

根据 Strahler 河流分级法,将生成的河道进行分级,并确定出各级支流汇入高一级河道的节点,对河网所有节点进行编码,便可进一步进行子流域的划分及其他特征值的计算。

3.2.3　应用实例

选取桂林、那坡、富罗、镇龙四个流域做个例分析。

（1）DEM 预处理

利用已有的流域边界 Shape File 文件,对广西的 DEM 数据进行拼接与切割,得到流域原始 DEM 数据。结合流域内数字"蓝线"水系矢量图,对 DEM 数据进行 Agree 算法处理,其目的在于修正 DEM 表面高程,将量测的流域水系"嵌入"原始 DEM 数据,降低矢量线所在网格的高程值,使其沿河流产生一个"沟堑",从而使得基于 DEM 提取的流域特征更加符合真实情况。Agree 算法中包括3个参数(图 3.2-6):缓冲区(buffer)——用于确定矢量河网两侧缓冲区的宽度;平滑(smooth)—— 缓冲区栅格降低的总高度;增益(sharp)—— 降低河道所在栅格的高程。实际应用中这三个参数根据具体情况进行设置。

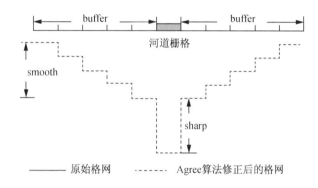

图 3.2-6　Agree 算法示意图

上述流域经过 DEM 预处理结果如图 3.2-7 所示。

（2）生成无洼地 DEM

对预处理后的 DEM 进行填洼,得到无洼地 DEM(图 3.2-8)。

（3）计算水流方向矩阵

根据 D8 算法确定无洼地 DEM 的水流方向矩阵(图 3.2-9)。

（4）计算水流累积量矩阵

各个流域的水流累积量矩阵如图 3.2-10 所示。

（5）生成河网水系

采用河网密度法与河道平均坡降法来确定临界支撑面积阈值。首先,在临界支撑面积取值范围内任意给定一系列临界面积;然后,在各个不同的临界面积下,分别计算所提取的数字水系平均密度以及平均坡降;第三,分别作出平均密度-临界支撑面积关系曲线(密度关系曲线)和平均坡降-临界支撑面积关系曲线(坡降关系曲线);最后,选取密度关系曲线趋于稳定的点所对应的临界面积值与坡降关系曲线转折点所对应的临界面积值,并结合"蓝线"水系,最终确定合适的最小河道给养面积。

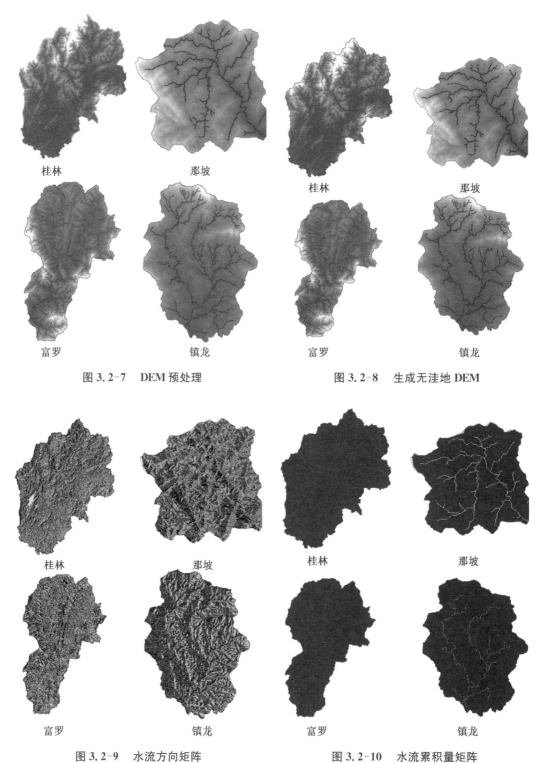

桂林　　　　　　　　　那坡　　　　　　　　　桂林　　　　　　　　　那坡

富罗　　　　　　　　　镇龙　　　　　　　　　富罗　　　　　　　　　镇龙

图 3.2-7　DEM 预处理　　　　　　　　　　图 3.2-8　生成无洼地 DEM

桂林　　　　　　　　　那坡　　　　　　　　　桂林　　　　　　　　　那坡

富罗　　　　　　　　　镇龙　　　　　　　　　富罗　　　　　　　　　镇龙

图 3.2-9　水流方向矩阵　　　　　　　　　图 3.2-10　水流累积量矩阵

河道平均坡降计算采用 Johnstone-Cross 法,根据比降大致均匀的原则,将河段划分为若干个子河段,按下式计算河段平均比降:

$$S = \left[\frac{\sum\limits_{i=1}^{N} L_i S_i^{0.5}}{\sum\limits_{i=1}^{N} L_i} \right]^2 \tag{3-5}$$

式中：S 为河段平均河底比降；L_i 为第 i 个子河段的长度；S_i 为第 i 个子河段的河底比降；N 为子河段数目。

对流域每隔 $0.1\ \mathrm{km}^2$ 取面积值，计算每个面积对应的河网密度以及河道平均坡降，可以得到流域的临界支撑面积值，见图 3.2-11（仅为个例图）和表 3.2-1。据此，提取出的流域水系分布如图 3.2-12 所示。

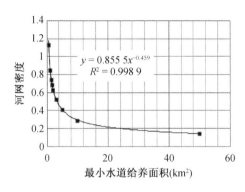
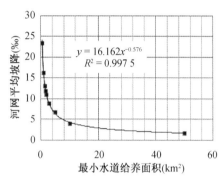

（a）桂林

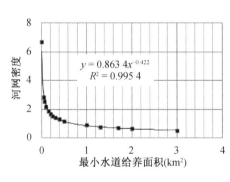
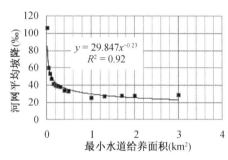

（b）那坡

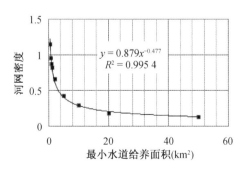
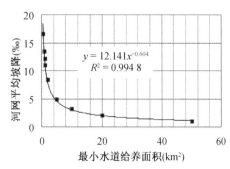

（c）富罗

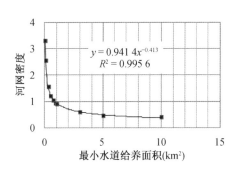 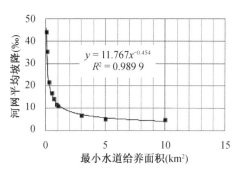

（d）镇龙

图 3.2-11　流域密度关系曲线以及坡降关系曲线

表 3.2-1　各流域临界支撑面积取值

序号	站点	河道平均坡降(‰)	临界支撑面积(km²)		
			密度关系曲线取值	坡降关系曲线取值	实际取值
1	安马	18.79	1.5	2.0	1.5
2	百林	11.92	0.8	1.0	1.0
3	北流	9.10	0.5	1.0	1.0
4	岑溪	11.35	1.1	1.1	1.1
5	潮田	28.62	1.0	1.0	1.0
6	大化	13.31	1.6	1.3	1.5
7	大江口	16.90	0.5	0.8	0.8
8	大新	5.29	5.2	5.8	5.6
9	凤梧	9.90	1.6	1.1	1.3
10	富乐	12.22	1.5	1.0	1.2
11	富罗(二)	9.10	1.9	1.9	1.9
12	富阳	9.97	1.5	1.2	1.5
13	勾滩(二)	36.52	0.5	1.0	0.5
14	桂林(三)	11.81	1.7	2.0	1.7
15	合江	8.22	1.0	1.3	1.0
16	河步(二)	8.05	1.2	1.0	1.0
17	河口	10.68	2.2	1.5	2.2
18	横江(二)	6.63	1.9	1.9	1.9
19	黄屋屯	4.51	1.8	1.8	1.8

序号	站点	河道平均坡降(‰)	临界支撑面积(km²)		
			密度关系曲线取值	坡降关系曲线取值	实际取值
20	劳村	8.82	2.0	1.5	2.0
21	荔浦	13.74	1.7	1.4	1.5
22	两江(二)	18.52	0.7	1.2	0.7
23	隆林	13.07	2.8	3.2	3.0
24	陆屋	2.83	2.0	1.8	2.0
25	罗富	13.05	1.8	1.8	1.8
26	绿兰	24.97	1.7	1.5	1.5
27	那坡	39.25	0.3	0.8	0.3
28	南义	14.03	0.5	1.0	0.5
29	内联	11.41	2.3	2.8	2.3
30	坡朗坪	1.60	2.0	2.4	2.0
31	荣华	7.33	7.0	6.4	7.0
32	上林(二)	33.83	1.0	0.8	0.8
33	双和	20.49	2.5	1.3	2.5
34	水晏	16.02	1.2	1.0	1.2
35	四排	7.68	1.2	1.2	1.2
36	天河	24.34	0.6	1.0	0.7
37	小长安(二)	14.35	1.1	1.1	1.1
38	英竹	5.97	3.7	4.2	4.0
39	长歧	28.60	0.5	0.2	0.5
40	镇龙	14.16	0.5	0.7	0.7
41	中里	4.74	1.1	1.5	1.3
42	中平	16.61	0.9	1.4	1.1

　　由图3.2-11可以看出,采用幂函数对密度关系曲线以及坡降关系曲线进行拟合,其相关系数均在0.9以上,具有相当好的相关性;由表3.2-1可知,根据"蓝线水系"确定的临界支撑面积实际取值与河网密度法和河道平均坡降法确定的阈值基本一致。这也进一步说明了这两种方法的合理性与适用性。

　　(6)划分子流域

　　基于上述分析,划分出各个流域的子流域如图3.2-13所示。

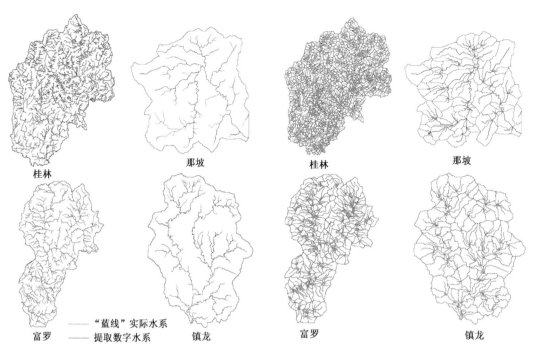

桂林　　　　　　　　　　那坡　　　　　　　　　桂林　　　　　　　　　　那坡

—— "蓝线"实际水系
富罗　　—— 提取数字水系　镇龙　　　　　　　　富罗　　　　　　　　　　镇龙

图 3.2-12　提取流域数字水系图　　　　　图 3.2-13　划分子流域

3.3　流域地貌特征值提取

DEM 是关于地形的数学模型,实际上就是一个函数或多个函数之和。栅格 DEM 的平面坐标(x,y)分别对应于该栅格在整幅 DEM 中所处的行位置和列位置。若平面栅格大小计为 $\Delta m \times \Delta n$,某一栅格行列位置为(i,j),则其平面坐标$(x,y)=(i \cdot \Delta m, j \cdot \Delta n)$。依据此原理,便可计算出流域地表上每点(栅格)的各类地貌特征值。

3.3.1　坡度、坡向

地表坡度计为 S 或 $\tan\beta$,表示地表面倾斜程度的量,其倾斜方向即为坡向。自 DEM 理论形成以来,人们对如何计算坡度和坡向进行了大量的研究和实验,提出了多种具体计算方法,二次曲面的拟合曲面法即其中一种。如图 3.3-1 所示,若取每个网格中心点的高程,则图中点 e 的坡度可用下式表示:

e_5	e_2	e_6
e_1	e	e_3
e_8	e_4	e_7

$$S_e = \tan \sqrt{S_{ex}^2 + S_{ey}^2} \qquad (3-6)$$

而坡向的表达式为

图 3.3-1　网格高程

$$坡向 = S_{ey}/S_{ex} \qquad (3-7)$$

式中:S_e 为点 e 的坡度;S_{ey} 为点 e 在 x 方向上的坡度;S_{ex} 为点 e 在 y 方向上的坡度。

关于 S_{ex},S_{ey} 的计算可以采用以下算法:

$$\begin{cases} S_{ex} = \dfrac{e_1 - e_3}{2\Delta m} \\ S_{ey} = \dfrac{e_4 - e_2}{2\Delta n} \end{cases} \qquad (3\text{-}8)$$

3.3.2　流域地貌参数——分叉比、河长比、面积比以及河网密度

流域水文响应和流域地貌参数紧密相关,但长期以来地貌学都处于定性的描述阶段。1945 年,Horton 发表了一篇关于地貌学定量途径的著名论文,使得地貌特征有了逐渐清晰的数学表达。要进行地貌形态的定量分析,首先要建立描述地貌的指标,即解决什么是流域地貌的基本形态要素。然后经过分析,通过数理统计进行系统分类得出定量的结果。

流域地貌参数的量化基于 Strahler 河流分级法,其基本原则为:① 将从河源出发的河流称为 1 级河流;② 两条相同级的河流交汇所形成的河流的级比原来高一级;③ 两条不同级河流交汇所形成的级为其中较高者。

Horton 地貌参数的定义包括表征水系拓扑性质的分叉比、表征水系几何特征的河长比以及表征流域几何特征的面积比。而河网密度表征的是流域的结构特征。

分叉比的定义为水系中 ω 级($\omega = 1,2,\cdots,\Omega$,$\Omega$ 为水系中最高级河流的级,下同)河流数目 N_ω 与高一级即($\omega+1$)级河流总数目 $N_{\omega+1}$ 的比值,用 R_B 表示。在自然水系中,R_B 近似为一常数,其取值范围为 $3 \sim 5$。因此,水系中各级河流的数目构成的数列是一个以 N_1 为首项、$1/R_B$ 为公比的几何级数,即

$$N_\omega = R_B^{\Omega-\omega} \qquad (\omega = 1,2,\cdots,\Omega) \qquad (3\text{-}9)$$

河长比的定义为水系中 ω 级河流的平均长度 $\overline{L}_\omega$ 与低一级即($\omega-1$)级河流的平均长度 $\overline{L}_{\omega-1}$ 的比值,用 R_L 表示。对于一个自然水系,R_L 几乎不随河流的级而变,其取值范围为 $1.5 \sim 3.5$。也就是说,自然水系中各级河流的平均长度构成了一个以 $\overline{L}_1$ 为首项、以 R_L 为公比的几何级数,即

$$\overline{L}_\omega = \overline{L}_1 R_L^{\omega-1} \qquad (\omega = 1,2,\cdots,\Omega) \qquad (3\text{-}10)$$

面积比的定义为水系中 ω 级河流的平均面积 $\overline{A}_\omega$ 与低一级即($\omega-1$)级河流的平均面积 $\overline{A}_{\omega-1}$ 的比值,用 R_A 表示。同样的,自然流域中 R_A 大体上也是一个常数,范围为 $3 \sim 6$。于是,由各级流域的平均流域面积构成的数列是一个以 $\overline{A}_1$ 为首项、以 R_A 为公比的几何级数,即

$$\overline{A}_\omega = \overline{A}_1 R_A^{\omega-1} \qquad (\omega = 1,2,\cdots,\Omega) \qquad (3\text{-}11)$$

对式(3-9)、式(3-10)、式(3-11)的两边分别取自然对数,有

$$\begin{cases} \ln N_\omega = \Omega\ln R_B - \omega\ln R_B \\ \ln \overline{L}_\omega = \ln \overline{L}_1 + (\omega-1)\ln R_L \\ \ln \overline{A}_\omega = \ln \overline{A}_1 + (\omega-1)\ln R_A \end{cases} \qquad (3\text{-}12)$$

式(3-12)中,只有 R_B,R_L,R_A 为未知量,作变量代换为线性关系,则求 Horton 地貌参数值

便转换为求直线斜率$(-\ln R_B,-\ln R_L,-\ln R_A)$的反对数值。

河网密度是指单位流域面积上的河流长度,即为水系总长度L与流域面积A的比值,用D表示,即

$$D=\frac{L}{A} \tag{3-13}$$

引入 Horton 地貌参数的R_B和R_L,则河网密度可表示为

$$D=\frac{\overline{L}_1 R_B^{\Omega-1}(R_{LB}^{\Omega}-1)}{A(R_{LB}-1)} \tag{3-14}$$

式中:R_{LB}为R_L与R_B的比值。

3.3.3 应用实例

流域坡度是指地表面任一点的切平面与水平地面的夹角,它主要影响水流的汇流时间,坡度大,汇流时间则短;坡度小,汇流时间则长。根据地表坡度的原理,可以计算出各个流域坡度,见表3.3-1。

根据确定的集水面积阈值可得到相应流域比较符合实际情况的数字水系,在此基础上即可划分出相应的子流域,进而可以求得各流域的地貌参数值。仍以桂林、那坡、富罗、镇龙四个流域为例,计算得到的地貌参数见表3.3-1。四个流域的河网密度值分别为0.39、1.54、0.44、0.91。

表 3.3-1　地貌参数值

站名	级数 ω	N_ω	$\overline{L}_\omega$	$\overline{A}_\omega$	R_B	R_L	R_A
桂林(三)	1	302	2.02	4.09	2.59	1.87	4.27
	2	69	4.04	22.17			
	3	18	7.36	92.93			
	4	6	17.56	300.09			
	5	2	15.06	916.68			
	6	1	34.35	1 865.35			
那坡	1	42	0.72	0.64	3.64	1.88	4.07
	2	12	1.06	2.71			
	3	4	3.08	9.71			
	4	1	7.68	43.44			
富罗(二)	1	132	2.11	3.23	2.84	1.89	4.76
	2	33	4.02	18.16			
	3	9	5.02	72.54			
	4	2	21.24	365.88			
	5	1	33.03	803.78			

（续表）

站名	级数 ω	N_ω	$\overline{L}_\omega$	$\overline{A}_\omega$	R_B	R_L	R_A
镇龙	1	57	0.86	1.34	3.81	2.59	4.9
	2	13	2.02	7.2			
	3	4	9.33	30.87			
	4	1	10.06	128.58			

3.4 流域其他特征属性提取

河道水面宽度影响着水流速度，对泥沙、污染物的运移与沉积也有重要影响，但受地势地貌的影响，水面宽度并不是一成不变的，它随着河道长度、上游来水和来沙量等不断变化着。考虑到河宽的这种属性，研究中以河道测流断面为基准，通过施测河道不同地点、上游不同来水情况下的河道宽度，并结合流域的 Google Earth 影像数据，统计出各个流域河宽的平均值（表 3.4-1）。

基于生成的数字水系，可计算出流域内的河流长度，具体计算结果也列在表 3-4-1 中。

流域形状系数的定义为流域分水线的实际长度与流域同面积圆的周的比值。流域形状与圆的形状相差越大，流域形状系数就越大。形状系数值越接近 1，说明流域的形状越接近圆形，这样的流域易大的洪水；反之，流域形状越狭长，径流的变化越平缓。据此，计算得到的各流域形状系数见表 3.4-1。

干旱指数反映的是一个地区气候干旱的程度，代表了地区的气候属性。由于干旱的定义不同，干旱指数的定义较多，作为比较不同地区干旱或干旱事件的数字标准，一般将其定义为年蒸发能力和年降水量的比值，即

$$AR = E_p/P \tag{3-15}$$

式中：AR 为干旱指数；E_p 为年蒸发能力，mm；P 为年降水量，mm。

根据干旱指数定义，将 $AR < 0.7$ 的地区定义为湿润区，$AR > 1.7$ 的地区定义为干旱区，AR 在二者之间的地区定义为半湿润区。结合典型流域的实测年降水、蒸发资料，计算出的干旱指数见表 3.4-1。

流域形状系数的定义为流域分水线的实际长度与流域同面积圆的周长的比值。流域形状与圆的形状相差越大，流域形状系数就越大。形状系数值越接近 1，说明流域的形状越接近圆形，这样的流域易发生大的洪水；反之，流域形状越狭长，径流的变化越平缓。据此，计算得到的各流域形状系数见表 3.4-1。

表 3.4-1　典型流域部分属性值统计表

序号	站名	平均河宽(m)	河流长度(km)	坡度(%)	形状系数	干旱指数	干湿分区
1	安马	47.32	132.63	3.69	3.22	0.66	湿润
2	百林	33.05	142.56	3.33	2.94	1.23	半湿润

序号	站名	平均河宽(m)	河流长度(km)	坡度(%)	形状系数	干旱指数	干湿分区
3	北流	56.18	61.37	3.73	2.75	0.62	湿润
4	岑溪	32.97	73.63	3.37	2.28	0.70	半湿润
5	潮田	37.38	39.35	4.10	2.56	0.85	半湿润
6	大化	75.00	68.26	4.00	2.28	0.81	半湿润
7	大江口	40.00	47.23	3.86	2.35	0.72	半湿润
8	大新	37.02	49.72	3.53	3.64	1.07	半湿润
9	凤梧	25.18	49.72	4.04	3.16	0.97	半湿润
10	富乐	46.16	45.82	3.56	2.31	0.55	湿润
11	富罗(二)	46.25	65.42	3.58	2.27	0.79	半湿润
12	富阳	40.60	49.75	4.16	2.40	1.24	半湿润
13	勾滩(二)	53.46	109.64	3.98	2.35	0.63	湿润
14	桂林(三)	164.40	80.39	4.38	2.43	0.43	湿润
15	合江	51.70	33.48	3.61	2.38	0.74	半湿润
16	河步(二)	16.05	57.53	3.26	2.67	0.96	半湿润
17	河口	39.00	75.08	3.89	3.31	0.72	半湿润
18	横江(二)	112.71	59.44	3.47	2.56	0.79	半湿润
19	黄屋屯	79.32	101.06	3.38	3.52	0.78	半湿润
20	劳村	40.15	111.85	3.67	2.77	0.51	湿润
21	荔浦	71.13	49.49	3.95	2.83	0.55	湿润
22	两江(二)	73.59	82.51	3.88	2.28	0.62	湿润
23	隆林	29.09	49.49	3.81	2.84	1.51	半湿润
24	陆屋	61.79	85.24	3.49	2.98	0.69	湿润
25	罗富	38.30	81.14	3.45	2.88	0.97	半湿润
26	绿兰	13.80	34.16	4.01	2.70	0.75	半湿润
27	那坡	7.23	12.37	3.76	1.70	1.88	干旱
28	南义	15.47	26.36	3.15	2.26	0.89	半湿润
29	内联	13.00	23.69	4.10	3.89	0.87	半湿润
30	坡朗坪	38.57	57.61	2.57	2.58	0.87	半湿润
31	荣华	30.40	72.89	3.63	3.73	0.43	湿润
32	上林(二)	47.32	27.15	4.34	2.35	0.43	湿润
33	双和	6.17	7.34	3.27	1.94	0.81	半湿润

序号	站名	平均河宽(m)	河流长度(km)	坡度(%)	形状系数	干旱指数	干湿分区
34	水晏	49.85	42.58	3.69	2.07	0.50	湿润
35	四排	56.63	46.23	3.77	2.64	0.93	半湿润
36	天河	76.23	78.16	3.68	2.59	0.71	半湿润
37	小长安(二)	80.50	49.41	3.79	2.81	0.78	半湿润
38	英竹	20.22	67.27	3.25	3.60	1.34	半湿润
39	长歧	63.10	41.39	4.64	2.11	0.36	湿润
40	镇龙	26.60	22.27	3.83	1.88	0.88	半湿润
41	中里	15.67	22.82	4.16	2.06	0.92	半湿润
42	中平	45.98	53.47	4.40	2.24	0.76	半湿润

由表 3.4-1 看出，流域坡度均值为 3.74%，最大值为 4.64%，最小值为 2.57%，与均值相差不大，说明所选取的典型流域坡度较为均一，且从坡度上来看，基本可认定为选取的流域为山区流域。流域形状系数为 1.70～3.89，均值为 2.65，中位数为 2.57，说明大部分流域为狭长形流域。根据表中干旱指数显示，大部分流域属于湿润半湿润区，仅有一个流域(那坡)干旱指数为 1.88，根据定义那坡流域为干旱区。

3.5 基于 MODIS 的流域地表参数计算

MODIS 是中等分辨率成像光谱仪(Moderate Resolution Imaging Spectroradiometer)的简称，主要搭载在由美国 NASA 牵头发射的 Terra(上午星)和 Aqua(下午星)上，最大空间分辨率为 250 m，具有从可见光(0.4 μm)到热红外(14.4 μm)等 36 个光谱波段，可同时提供反映陆地表面状况、云边界及特性、海洋水色、浮游植物、生物地理、化学、大气中水汽与气溶胶、大气温度、地表温度、云顶温度及高度和臭氧等特征的信息。Terra 和 Aqua 相互配合，每 1～2 d 即可覆盖整个地球表面，与同类陆地卫星相比，有更强的实时监测能力。基于 MODIS 数据表现出的多波段实时监测以及高时空分辨率等优点，其在水文水资源研究领域有着广泛的应用，包括但不限于洪水过程和洪灾范围实时监测、冰川积雪、降水、植被、土壤水分、蒸散发、水质、水文模型等方面。结合前人研究成果，利用 MODIS 的归一化植被指数(NDVI)、叶面积指数(LAI)、地表温度、地表反照率等产品，结合实测地面气象资料，对研究区域植被信息以及地表蒸散发进行了估算，以期寻求无资料地区蒸散发估算的方法。

3.5.1 流域植被信息提取

（1）植被指数
遥感图像对植被信息的反映主要依靠植被的光谱特性及其差异与变化，多光谱遥感数据经分析计算而产生某些对植被长势、生物量等具有一定指示意义的数值，即为植被指数。一般的，植被指数是在轨卫星的红光和红外波段的不同组合方式所包含的植被信息的统称,其定量值反映了区域植被覆盖的密度以及植被的活力情况。目前,研究者一共提出了 30 多种不同的组合方式所表征的植被指数,尽管植被指数种类繁多,应用最广的却是其中的一种——归一化植被指数($NDVI$),它经常被用作评价其他植被指数的参考,在植被指数应用中占有重要的位置。$NDVI$ 的计算公式为

$$NDVI = \frac{NIR - R}{NIR + R} \tag{3-16}$$

式中:NIR 代表遥感影像中的近红外波段;R 代表可见光波段。

$NDVI$ 反映的是植物冠层的背景影响,其取值范围为 $[-1,1]$,负值表示地面覆盖为云、水、雪等,对可见光高反射;0 表示有岩石或裸土等,NIR 和 R 近似相等;正值表示有植被覆盖,且随覆盖度增大而增大。

本研究采用 MODIS 植被指数产品(MOD13A1,空间分辨率为 500 m,时间分辨率为 16 d)对研究区域植被指数进行了计算。并据此统计 2005—2014 年各流域 4—9 月的 $NDVI$,取其平均值,详见表 3.5-1。

表 3.5-1 广西各典型流域 4—9 月平均 $NDVI$ 统计表

序号	站名	平均 $NDVI$	序号	站名	平均 $NDVI$	序号	站名	平均 $NDVI$
1	安马	0.36	15	合江	0.47	29	内联	0.50
2	百林	0.44	16	河步(二)	0.48	30	坡朗坪	0.49
3	北流	0.45	17	河口	0.40	31	荣华	0.44
4	岑溪	0.47	18	横江(二)	0.44	32	上林(二)	0.37
5	潮田	0.49	19	黄屋屯	0.45	33	双和	0.47
6	大化	0.44	20	劳村	0.43	34	水晏	0.40
7	大江口	0.49	21	荔浦	0.39	35	四排	0.48
8	大新	0.48	22	两江(二)	0.28	36	天河	0.29
9	凤梧	0.43	23	隆林	0.54	37	小长安(二)	0.32
10	富乐	0.39	24	陆屋	0.43	38	英竹	0.46
11	富罗(二)	0.45	25	罗富	0.40	39	长歧	0.45
12	富阳	0.45	26	绿兰	0.44	40	镇龙	0.38
13	勾滩(二)	0.30	27	那坡	0.47	41	中里	0.47
14	桂林(三)	0.35	28	南义	0.46	42	中平	0.38

由表 3.5-1 可知,各典型流域 $NDVI$ 值为 0.28～0.54,均值为 0.43,中位数为 0.44,说明大部分选取流域的植被生长状况良好,植被覆盖度较高。

(2)叶面积指数

叶面积指数(LAI)是指单位地表面积上方植物单面叶面积之和,为无量纲量,其通过描述植物光合作用和物质能量交换来表征植被生长状况。MODIS-LAI 产品(MOD15A2)的空间分辨率为 1 km,时间分辨率为 8 d,其主要利用物理模型反演法计算得到。

(3) 植被覆盖度

植被覆盖度(f)是指植被冠层的垂直投影面积与土壤总面积之比,即植土比。植被覆盖度可以与 $NDVI$ 建立关系进行求解:

$$f = \frac{NDVI - NDVI_s}{NDVI_v - NDVI_s} \qquad (3-17)$$

式中:$NDVI_v$,$NDVI_s$ 分别为纯植被和纯土壤的归一化植被指数,一般可固定其值分别为 0.9 和 0.1。

3.5.2 流域蒸散发估算

1) 基本原理

地球接收的太阳辐射中 30% 被大气层顶反射,还有约 17% 被大气吸收,剩余的辐射能则以直射或漫射的形式到达地表。根据能量守恒,太阳与地表的能量交换过程可用地表能量平衡方程来表示:

$$R_n = H + LE + G + P_H \qquad (3-18)$$

式中:R_n 为地表的净辐射通量;H 为从下垫面到大气的显热通量,即感热通量;LE 为从下垫面到大气的潜热通量,其中 L 为水汽蒸发的汽化潜热,一般可取值为 2.49×10^6 W/($m^2 \cdot mm$);E 为蒸散发量;G 为土壤热通量;P_H 为植物光合作用和植被冠层热存储的能量,由于这部分能量很小,计算时常忽略不计。上述所有通量的单位为 W/m^2。

于是,潜热通量 LE 可作为能量平衡方程的剩余项求出:

$$LE = R_n - (H + G) \qquad (3-19)$$

上式即为结合遥感方法计算蒸散发的基本公式。

式(3-19) 给出的是任一遥感卫星过境时刻的蒸散发量,借用一日一次观测资料计算全日农田蒸散总量的模式,可将瞬时蒸散量转化为日蒸散发量,如下式所示:

$$\frac{E_d}{E_i} = \frac{2N_E}{\pi \sin(\pi t / N_E)} \qquad (3-20)$$

式中:E_d 为日蒸散发量,mm;E_i 为瞬时蒸散量,mm,$E_i = LE/L$;N_E 为日蒸散发时数,取比日照时数少 2 h;t 为遥感卫星获取数据的时间。

通过上述分析,基于地表能量平衡方程,结合遥感获取的地表反照率、地表温度及 $NDVI$ 值,分别计算出地表净辐射、土壤热通量和显热通量,即可推求出日蒸散发量(图 3.5-1)。

2) 参数求取

(1) 地表净辐射

地表净辐射是指地面净得的短波辐射与长波辐射的和,即地表辐射能量收支的差额。其平衡方程为

$$R_n = (1-\alpha)Q + R_L \downarrow - R_L \uparrow \qquad (3-21)$$

式中:Q 为太阳总辐射;α 为地表反照率;$R_L \downarrow$ 为大气长波辐射;$R_L \uparrow$ 为地表发射长波辐射。

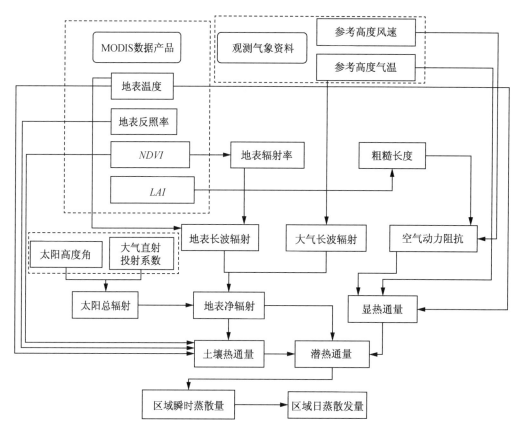

图 3.5-1　日蒸散发量遥感反演流程图

太阳总辐射 Q 作为地球上主要的能源,与纬度、时间以及云的含量关系密切,且总随太阳高度角 θ 的变化而变化,一般可由下式进行计算:

$$Q = \left(\frac{r}{r_0}\right)^2 S \tau_b \sin\theta \tag{3-22}$$

式中:r 为日地距离;r_0 为平均日地距离,根据地球公转情况,有 $0.973 \leqslant \dfrac{r}{r_0} \leqslant 1.017$,因此,此处近似将这一比值取为 1.0;$S$ 为太阳常数,取值为 1 353 W/m^2;τ_b 为大气直射投射率,当晴天无云时,取值为 1.0,云层较厚时,取值为 0.7;太阳高度角 θ 可通过下式计算:

$$\sin\theta = \sin\varphi\sin\delta + \cos\varphi\cos\delta\cos t \tag{3-23}$$

式中:φ 为当地地理纬度;δ 为太阳赤纬,在 $\pm 23°27'$ 范围内变动,对北半球的春分秋分日,$\delta = 0$,对北半球的夏至冬至日,$\delta = 23°27'$;t 为太阳时角,定义地方时 12 点的时角 t 为 0,6 点 t 为 $-\dfrac{\pi}{2}$,18 点 t 为 $+\dfrac{\pi}{2}$。

大气长波辐射 $R_L \downarrow$ 可根据气象站的观测资料计算,则

$$R_L \downarrow = 5.31 \times 10^{-13} T_a^6 \tag{3-24}$$

式中:T_a 为参考高度(一般距地面 2 m)的空气温度,K。

地表发射长波辐射 $R_L\uparrow$ 由 Stefan-Boltzmann 定律推求,即

$$R_L\uparrow = \varepsilon_s\sigma T_s^4 \tag{3-25}$$

式中:ε_s 为地表辐射率,$\varepsilon_s = 1.009\,4+0.047\ln(NDVI)$;$\sigma$ 为 Stefan-Boltzmann 常数,取值 5.67×10^{-8} W/(m^2 · K^4);T_s 为地表温度,K。

（2）土壤热通量

土壤热通量是指土壤内部的热交换,在有植被覆盖条件下对蒸散发的影响很小,其值一般不超过净辐射的 10%,考虑采用综合地表反照率 α、植被指数 $NDVI$ 和地表温度 T_s 的参数化公式,即

$$G = \left[\frac{(T_s-273.25)}{\alpha}(0.003\,8\alpha+0.007\,4\alpha^2)(1-0.98NDVI^4)\right]R_n \tag{3-26}$$

对于研究区内的水体,G 取 R_n 的 10%,即 $G = 0.1R_n$。

（3）显热通量

显热通量表征下垫面与大气间湍流形式的热交换,通常用一个一维通量梯度表达式来模拟,即

$$H = \rho c_p(T_s-T_a)/r_{ac} \tag{3-27}$$

式中:ρ 为空气密度,c_p 为空气比定压热容,ρc_p 表征空气的体积热容量,通常取值 $1\,205$ W · s/(m^3 · K);r_{ac} 为空气动力阻抗,其物理意义是下垫面至参考高度之间大气对显热传输的阻力,s/m。

r_{ac} 的计算方法有很多,为了简化计算,采用 Thom 等提出的计算式,即

$$r_{ac} = 4.72\left(\ln\frac{z}{z_0}\right)^2/(1+0.54u) \tag{3-28}$$

式中:u 为 z 处的风速,m/s;z 为地表以上参考高度,又称有效高度,一般为 2 m;z_0 为决定地表湍流交换强度的表面粗糙度,一般情况下,z_0 与植被高度 h 的比值为 0.13,即 $z_0 = 0.13h$,m。h 可由 LAI 间接计算,即

$$h = \exp\left[\frac{2}{3}(LAI-5.5)\right] \tag{3-29}$$

3）模拟结果

对 MODIS-LAI 和地表温度数据进行重采样到 500 m 的空间分辨率,按上述分析步骤反演广西境内日蒸散发量。再利用 ArcGIS 软件工具统计各流域的日蒸散发均值,并尝试将估算结果应用在缺乏实测蒸散发资料的中小流域洪水预报中。

3.6　流域特征与模型参数相关分析

3.6.1　流域特征选取

根据中小河流的流域特点,本书选取 13 个指标来描述流域的下垫面特征:纬度

(Lat)、经度(Lon)、年降水量(P)、年水面蒸发量(E_p)、干旱指数(AR)、叶面积指数(LAI)、植物根系深度(Depth)、上层土壤的饱和水力传导度(Top_ksat)、下层土壤的饱和水力传导度(Bot_ksat)、上层土壤田间含水量占饱和含水量的比例(Top_sf)、下层土壤田间含水量占饱和含水量的比例(Bot_sf)、面积(Area)、平均坡度(I)。在这13个流域特征中,纬度(Lat)、经度(Lon)反映流域的地理位置;年降水量(P)、年水面蒸发量(E_p)、干旱指数(AR)反映流域的气候特征;叶面积指数(LAI)、植物根系深度(Depth)反映流域植被特征;上层土壤的饱和水力传导度(Top_ksat)、下层土壤的饱和水力传导度(Bot_ksat)、上层土壤田间含水量占饱和含水量的比例(Top_sf)、下层土壤田间含水量占饱和含水量的比例(Bot_sf)反映流域的土壤特征;面积(Area)、平均坡度(I)反映流域的形状特征。

经研究,13个流域特征的相关关系见图3.6-1。从图中可以看出,纬度与年降水量呈明显的正相关,与年水面蒸发量和干旱指数呈明显的负相关,与叶面积指数和植物根系深度呈明显的正相关,与其他特征没有显著的相关性。经度与叶面积指数和植物根系深度呈明显的正相关,与其他特征没有显著的相关性。三个气候特征具有较显著的相关性,其中年降水量与年水面蒸发量和干旱指数呈负相关,年水面蒸发量与干旱指数呈正相关,三个气候特征与其他特征的相关性不显著。叶面积指数与植物根系深度呈显著的正相关,这两个特征与其他特征的相关性不显著。三个土壤特征具有较显著的相关性,下层土壤的饱和水力传导度、上层土壤田间含水量占饱和含水量的比例、下层土壤田间含水量占饱和含水量的比例三者之间呈正相关,与上层土壤的饱和水力传导度呈负相关。

3.6.2 流域特征与洪水模型参数相关性

利用 Pearson 相关系数来分析挑选的13个流域特征与新安江模型16个参数的相关关系。Pearson 相关系数是科学研究中最常用的统计方法,是描述两个随机变量线性相关的统计量,简称为相关系数。对于两个变量 $x_1, x_2, \cdots, x_n$ 和 $y_1, y_2, \cdots, y_n$,相关系数的计算公式为

$$r = \frac{\sum_{i=1}^{n}(x_i - \overline{x})(y_i - \overline{y})}{\sqrt{\sum_{i=1}^{n}(x_i - \overline{x})^2}\sqrt{\sum_{i=1}^{n}(y_i - \overline{y})^2}} \tag{3-30}$$

也可以用标准差形式来计算:

$$r = \frac{\frac{1}{n}\sum_{i=1}^{n}(x_i - \overline{x})(y_i - \overline{y})}{\sqrt{\frac{1}{n}\sum_{i=1}^{n}(x_i - \overline{x})^2}\sqrt{\frac{1}{n}\sum_{i=1}^{n}(y_i - \overline{y})^2}} = \frac{\mathrm{Cov}(x,y)}{S_x S_y} \tag{3-31}$$

式中:$\overline{x}$ 和 $\overline{y}$ 分别为变量 x 和 y 的均值;n 为样本数;$\mathrm{Cov}(x,y)$ 为变量 x 和 y 的标准差;S_x 和 S_y 分别为变量 x 和 y 的协方差。

相关系数 r 的取值为 $-1.0 \sim +1.0$。$r > 0$,表明两变量呈正相关,越接近 1.0,正相关越显著;$r < 0$,表明两变量呈负相关,越接近 -1.0,负相关越显著;$r = 0$,表示两变量相互

图 3.6-1 流域特征相关图

独立。

两气候变量之间的线性相关是否显著,必须对相关系数进行统计检验。在假设相关系数 r 的总体相关系数 $\rho = 0$ 成立的条件下,相关系数 r 的概率密度函数正好是 t 分布的密度函数,因此可以采用 t 检验来对 r 进行显著性检验。统计量

$$t = \sqrt{n-2}\,\frac{r}{\sqrt{1-r^2}} \tag{3-32}$$

遵循自由度 $\upsilon = n-2$ 的 t 分布,给定显著性水平 α,若 $t > t_\alpha$,则拒绝原假设,相关系数 r 是显著的。

13 个流域特征与新安江模型 16 个参数的相关系数见表 3.6-1。从表中可见,参数 KC 与 Lat 呈负相关,与 I 呈正相关,与其他流域特征相关性不显著。参数 UM 与 Bot_sf 呈负

表 3.6-1　流域特征与洪水模型参数相关性

相关性	KC	UM	LM	C	WM	B	IM	SM	EX	KG	KI	CS	CI	CG	CR	L
Lon	0.047	-0.081	-0.144	0.053	0.136	-0.045	0.044	0.045	0.173	-0.220	-0.270	-0.358	-0.109	-0.011	0.029	-0.044
Lat	-0.317	-0.031	-0.061	0.054	0.056	0.161	-0.162	0.414	0.045	-0.171	-0.005	-0.351	-0.136	-0.042	-0.206	0.009
P	0.033	-0.082	-0.176	-0.079	-0.262	-0.147	0.065	0.105	0.035	-0.046	-0.328	-0.321	-0.069	-0.063	0.176	-0.110
E_p	-0.280	-0.007	0.041	-0.235	-0.041	0.056	-0.066	0.150	-0.026	-0.032	0.126	-0.070	0.037	-0.093	-0.223	0.083
AR	-0.164	-0.001	0.137	-0.119	0.023	0.093	-0.096	0.061	-0.083	0.071	0.290	0.144	0.102	0.017	-0.191	0.070
LAI	-0.160	-0.032	-0.321	-0.026	0.015	-0.003	-0.158	0.029	-0.102	-0.217	-0.158	-0.200	-0.013	-0.063	-0.288	-0.099
Depth	-0.153	0.065	-0.223	-0.003	0.121	0.233	-0.256	-0.002	-0.104	-0.481	-0.117	-0.307	-0.024	-0.053	-0.269	-0.059
Top_ksat	0.181	0.064	-0.162	0.226	-0.194	-0.318	0.213	-0.111	-0.187	0.365	-0.036	0.342	0.098	-0.072	0.119	0.127
Top_sf	-0.142	-0.072	0.189	-0.243	0.182	0.258	-0.179	0.125	0.190	-0.366	0.039	-0.345	-0.066	0.047	-0.088	-0.134
Bot_ksat	-0.066	-0.171	0.070	-0.276	0.160	0.344	-0.173	0.063	0.123	-0.427	-0.032	-0.289	-0.093	0.075	-0.044	-0.155
Bot_sf	0.143	-0.302	-0.127	-0.266	0.098	0.357	-0.071	-0.066	-0.026	-0.425	-0.139	-0.089	-0.086	0.080	0.082	-0.158
Area	0.088	0.005	-0.025	0.216	0.092	0.242	0.197	-0.109	-0.013	-0.020	0.028	0.231	-0.083	0.073	0.336	0.341
I	0.562	-0.019	0.126	-0.160	0.015	0.086	-0.170	0.000	-0.118	-0.054	-0.236	-0.191	-0.237	-0.139	0.089	0.067

相关,与其他流域特征相关性不显著。参数 LM 与 LAI 呈负相关,与其他流域特征相关性不显著。参数 C 和 WM 与 13 个流域特征都不相关。参数 B 与 Top_ksat 呈负相关,与 Bot_ksat 和 Bot_sf 呈正相关,与其他流域特征相关性不显著。参数 IM 与 13 个流域特征都不相关。参数 SM 与 Lat 呈正相关,与其他流域特征相关性不显著。参数 EX 与 13 个流域特征都不相关。参数 KG 与 Depth、Top_sf、Bot_ksat 和 Bot_sf 呈负相关,与 Top_ksat 呈正相关,与其他流域特征相关性不显著。参数 KI 与 P 呈负相关,与其他流域特征相关性不显著。参数 CS 与 Lon、Lat、P、Depth、Top_sf 呈负相关,与 Top_ksat 呈正相关,与其他流域特征相关性不显著。参数 CI 和 CG 与 13 个流域特征都不相关。参数 CR 和 L 都与 Area 呈正相关,与其他流域特征相关性不显著。

参考文献

[1] FAIRFIELD J, LEYMARIE P. Drainage networks from grid digital elevation models [J]. Water Resources Research, 1991, 27(5): 709-717.

[2] FREEMAN T G. Calculating catchment area with divergent flow based on a regular grid [J]. Computers & Geosciences, 1991, 17(3): 413-422.

[3] GARBRECHT J, MARTZ L W. Digital elevation model issues in water resources modeling [A] // Proceedings of the 19th ESRI International User Conference [C]. San Diego, California, 1999.

[4] JENSON S K, DOMINGUE J O. Extracting topographic structure from digital elevation data for geographic information system analysis [J]. Photogrammetric Engineering and Remote Sensing, 1988, 54(11): 1593-1600.

[5] MARTZ L W, GARBRECHT J. Hydrological applications of GIS 3: raster digital elevation models [J]. Hydrological Processes, 1998, 12: 843-855.

[6] MARTZ L W, GARBRECHT J. Numerical definition of drainage network and subcatchment areas from Digital Elevation Models [J]. Computers & Geosciences, 1992, 18 (6): 747-761.

[7] MARTZ L W, GARBRECHT J. The treatment of flat areas and closed depressions in automated drainage analysis of raster digital elevation models [J]. Hydrological Processes, 1998, 12(6): 843-855.

[8] O'CALLAGHAN J F, MARK D M. The extraction of drainage networks from digital elevation data[J]. Computer Vision, Graphics, and Image Processing, 1984, 27(3): 323-344.

[9] TRIBE A. Automated recognition of valley lines and drainage networks from grid digital elevation models:a review and a new method [J]. Journal of Hydrology, 1992, 139(1-4):263-293.

[10] 李志栋,朱庆. 数字高程模型[M]. 武汉:武汉测绘科技大学出版社,2000.

第四章

流域水文模型与预报方法

4.1 新安江模型及其计算方法

"新安江"降雨-径流模型是一个分单元、分水源、分阶段,具有分布参数的概念性降雨径流模型,适用于湿润与半湿润地区,具有概念清晰、结构合理、调参方便和计算精度较高等优点。新安江模型在我国得到广泛的应用,在广西壮族自治区和辽宁省也有许多成功应用实例,鉴于此,选择新安江模型作为广西和辽宁中小河流洪水预报模型。

新安江模型计算主要分为蒸散发、产流、分水源和汇流 4 个阶段。其中,蒸散发计算采用 3 层蒸散发模型;产流计算采用蓄满产流模型;径流划分为地表径流、壤中流和地下径流 3 种水源,径流划分采用了自由水蓄水库法;在汇流计算中,地表径流汇流计算采用无因次单位线法或者线性水库法,壤中流和地下径流汇流计算采用线性水库法,河道汇流计算则采用马斯京根分段连续演算法。模型结构如图 4.1-1 所示。

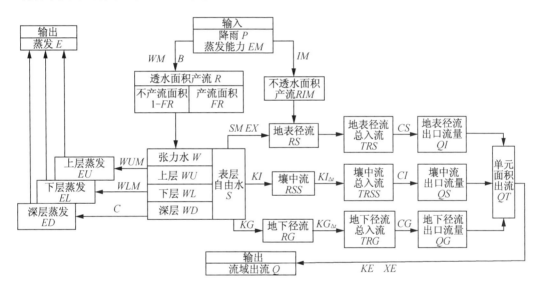

图 4.1-1　新安江模型结构图

4.1.1　流域单元分块

为了考虑降雨及下垫面要素分布的不均匀性,采用自然流域划分法或泰森多边形法,将研究流域划分为 N 块单元流域。单元流域要求大小适当,使得每块单元流域上的降雨分布相对均匀,并保证在每块单元流域内至少有一个雨量站,同时尽可能使单元流域与自然流域的地形、地貌和水系特征相一致,以便于能充分利用实测水文资料以及对某些具体问题的分析处理。若流域内有水文站或大中型水库,通常将水文站或大中型水库以上的集水面积单独作为一块单元流域。单元流域出口与流域出口用河网连接。对划分好的每块单元流域分别进行蒸散发计算、产流计算、水源划分计算和汇流计算,得到单元流域出口的流量过程。对单元流域出口的流量过程进行出口以下的河道汇流计算,得到该单元流域在全流域出口的流量过程。将每块单元流域在全流域出口的流量过程线性叠加,即为全流域出口总的流量过程。

4.1.2 蒸散发计算

流域蒸散发在流域水量平衡中起着重要的作用。植物截留、地面填洼水量及土壤蓄水量的消退都耗于蒸散发。据资料统计,在湿润地区的年蒸散发量约占年降水量的50%;而在干旱区约占92%。蒸散发的计算成果正确与否将直接影响模型产流的计算成果。蒸散发过程大体上可以划分为3个基本阶段:① 土壤含水量供水充分的稳定蒸散发阶段;② 蒸散发随土壤含水量变化而变化的变比例蒸散发阶段;③ 常系数深层蒸散发扩散阶段。

在新安江模型中,流域蒸散发计算没有考虑流域内土壤含水量在面上分布的不均匀性,而是按土壤垂向分布的不均匀性将土层分为三层,用三层蒸散发模型计算蒸散发量,因此也要求流域单元的划分尽可能反映流域的土壤特性和土壤含水量的相对均匀性。

参数有流域平均张力水容量 WM(mm)、上层张力水容量 WUM(mm)、下层张力水容量 WLM(mm)、深层张力水容量 WDM(mm)、蒸散发折算系数 KC 和深层蒸散发扩散系数 C,计算公式如下:

$$WM = WUM + WLM + WDM \tag{4-1}$$

$$W = WU + WL + WD \tag{4-2}$$

$$E = EU + EL + ED \tag{4-3}$$

$$EP = KC \cdot EM \tag{4-4}$$

式中:W 为总的张力水蓄量,mm;WU 为上层张力水蓄量,mm;WL 为下层张力水蓄量,mm;WD 为深层张力水蓄量,mm;E 为总的蒸散发量,mm;EU 为上层蒸散发量,mm;EL 为下层蒸散发量,mm;ED 为深层蒸散发量,mm;EP 为蒸散发能力,mm;EM 为蒸发皿蒸发量,mm。

若 $P + WU \geqslant EP$,则 $EU = EP$,$EL = 0$,$ED = 0$。

若 $P + WU < EP$,则 $EU = P + WU$。

若 $WL \geqslant C \cdot WLM$,则 $EL = (EP - EU) \cdot \dfrac{WL}{WLM}$,$ED = 0$。

若 $WL < C \cdot WLM$ 且 $WL \geqslant C \cdot (EP - EU)$,则 $EL = C \cdot (EP - EU)$,$ED = 0$。

若 $WL < C \cdot WLM$ 且 $WL < C \cdot (EP - EU)$,则 $EL = WL$,$ED = C \cdot (EP - EU) - WL$。

4.1.3 产流计算

本章主要介绍蓄满产流模型。蓄满是指包气带的土壤含水量达到田间持水量。蓄满产流是指:① 降水在满足田间持水量以前不产流,所有的降水都被土壤吸收;② 降水在满足田间持水量以后,所有的降水(扣除同期蒸发量)都产流,其计算式为

$$R = PE + W - WM \tag{4-5}$$

式中:PE 为扣除蒸发后的雨量,mm。

蓄满产流机制比较接近或符合土壤缺水量不大的湿润地区。在该类地区,一场较大

的降雨常易使全流域土壤含水量达到蓄满。倘若一场降雨不能使全流域蓄满,或在一场降雨过程中,全流域尚未蓄满之前流域内也观测到径流,这是前期气候、下垫面等的空间分布不均匀性,导致流域土壤缺水量空间不均匀的结果。因为,在其他条件相同的情况下,缺水量小的地方降雨后易蓄满,先产流。因此,一个流域的产流过程在空间上是不均匀的,在全流域蓄满前,存在部分面积上先蓄满而产流。一般可由流域蓄水容量曲线表征土壤缺水量空间分布的不均匀性。

流域蓄水容量曲线是将流域内各地点包气带的蓄水容量,按从小到大顺序排列得到的一条蓄水容量与相应面积关系的统计曲线,如图 4.1-2 所示。图中纵坐标 WM' 为各地点包气带蓄水容量值,WMM 为其最大值,一般以 mm 表示;横坐标 α 为面积的相对值 f/F,F 是全流域面积,f 为流域内包气带蓄水容量小于或等于 WM' 的面积,曲线所围的面积 WM 为全流域平均蓄水容量。包气带含水量中有一部分水量在最干旱的自然状况下也不可能被蒸发掉,因此上述的包气带蓄水容量是包气带中实际可变动的最大含水量,即包气带达到田间持水量时的含水量与最干旱时含水量之差,也等于包气带最干旱时的缺水量,因此流域蓄水容量曲线也反映了流域包气带缺水容量分布特性。

根据大量资料分析,蓄水容量曲线可由如下指数方程近似描述:

$$\alpha = 1 - \left(1 - \frac{WM'}{WMM}\right)^{b} \qquad (4\text{-}6)$$

式中:b 是常数,反映流域包气带蓄水容量分布的不均匀性,b 值越小表示越均匀,$b = 0$ 表示流域内包气带蓄水容量均匀不变;而 b 值越大表示越不均匀。根据上式,流域平均蓄水容量 WM 为

$$WM = \int_{0}^{WMM} (1-\alpha)\mathrm{d}WM' \qquad (4\text{-}7)$$

积分得

$$WM = \frac{WMM}{1+b} \qquad (4\text{-}8)$$

一般情况下,降雨前的初始土壤含水量不为零,初始土壤含水量在流域上的分布直接影响降雨产流量值。各次降雨前的初始土壤含水量分布是不相同的,但从多次平均的统计角度,认为分布规律也符合式(4-8)的变化。图 4.1-3 中斜线所示的面积为流域平均的初始土壤含水量 W,最大值为 a,全流域中有比例为 α_0 的面积上已蓄满,降在该部分的面积上雨量形成径流,降在比例为 $1-\alpha_0$ 的面积上的降水量不能全部形成径流,这些量可表示为

$$\alpha_0 = 1 - \left(1 - \frac{a}{WMM}\right)^{b} \qquad (4\text{-}9)$$

$$W = \int_{0}^{a} (1-\alpha)\mathrm{d}WM' \qquad (4\text{-}10)$$

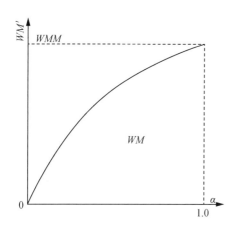

图 4.1-2　包气带蓄水容量曲线

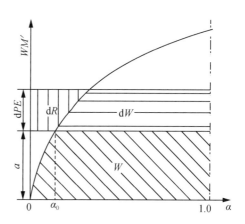

图 4.1-3　局部产流示意图

积分式(4-10) 得

$$W = WM\left[1 - \left(1 - \frac{a}{WMM}\right)^{b+1}\right] \tag{4-11}$$

解上式得

$$a = WMM\left[1 - \left(1 - \frac{W}{WM}\right)^{\frac{1}{1+b}}\right] \tag{4-12}$$

由图 4.1-3 可知,在初始土湿为 W 条件下,降水量 PE 的产流量可由下列计算式求得, 在全流域蓄满前,产流量为

$$R = \int_a^{a+PE} \mathrm{d}WM' \qquad (a+PE \leqslant WMM) \tag{4-13}$$

积分上式得

$$R = PE - WM\left(1 - \frac{a}{WMM}\right)^{b+1} + WM\left(1 - \frac{PE+a}{WMM}\right)^{b+1} \tag{4-14}$$

上式可简化为

$$R = PE + W - WM + WM\left(1 - \frac{PE+a}{WMM}\right)^{b+1} \qquad (a+PE \leqslant WMM) \tag{4-15}$$

在全流域蓄满后,产流量为

$$R = PE + W - WM \qquad (a+PE \geqslant WMM) \tag{4-16}$$

4.1.4　水源划分

按蓄满产流模型计算出的总径流量 R 中包括了各种径流成分,由于不同水源的汇流规律和汇流速度不相同,相应采用的计算方法也不同,因此必须进行水源划分。原则上讲,若降雨强度大于地面下渗能力,则产生地表径流。而下渗的水流遇到比上层更密实的土壤层,使下渗能力降低,就可能形成局部饱和层而产生横向径流。从这一意义上讲,地

表以下的径流是无法分水源成分的,或者说它有任意多种成分。但从土体剖面看,接近表面的一层,由于农业耕作、植物根系和风化等作用,往往较疏松,形成一层不太厚的疏松层;疏松层往下,由于受外界作用小,土层相对密实,形成较厚的密实土层;再往下就是地下水含水层。由于土体剖面明显的分层特征,当水流下渗时,表层土壤疏松,下渗能力强,遇到密实层,下渗能力大大降低,在这疏松与密实层的界面上,形成局部饱和径流,常称之为壤中流,沿坡面方向流入河道。渗入密实层的水流,由于土层度变化不大,只在一些比例不大的局部范围内产生一点横向运动,以垂向运动为主,进入地下水带后,沿水力梯度方向流入河道,形成地下径流。坡面水流运动路径概化见图 4.1-4。

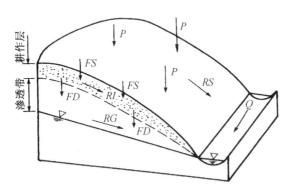

图 4.1-4　坡面水流运动路径概化

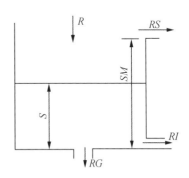

图 4.1-5　均匀水箱三水源划分

自由水蓄积量越大,横向水流量(即壤中流)越大,同时 FD 下渗水量(形成地下径流)也越大。显然,上述径流特性可用水箱概念模型来描述和分水源。图 4.1-5 是一个均匀水箱,其容量用深度 SM 表示,自由水蓄量为 S。产生的总径流量 R 首先进入自由水箱,若 R + S > SM,则产生的地表径流 RS 为

$$RS = R + S - SM \tag{4-17}$$

而壤中流 RI 和地下径流 RG 分别为

$$RI = KI \cdot SM \tag{4-18}$$

$$RG = KG \cdot SM \tag{4-19}$$

当 R + S ≤ SM 时,地表径流、壤中流和地下径流分别为

$$RS = 0 \tag{4-20}$$

$$RI = KI \cdot (R + S) \tag{4-21}$$

$$RG = KG \cdot (R + S) \tag{4-22}$$

式中:KI 和 KG 分别为壤中流和地下径流的出流系数。

与蓄满产流模型相类似,由于下垫面的不均匀性,自由水蓄量也存在空间分布不均匀性。因此,应考虑产流面积和自由水蓄量空间分布不均匀的影响,如图 4.1-6 和图 4.1-7所示。其分布特征采用式(4-23)的指数方程近似描述。由于流域各点蓄水深不同,这一水箱高在流域各点也处处变化。如取水箱的左下角为坐标原点,水箱蓄水深 S 为纵坐标,

α 为横坐标,类似于流域蓄水容量分布曲线,有流域自由水蓄水深统计分布曲线,并可用分布函数来近似描述。

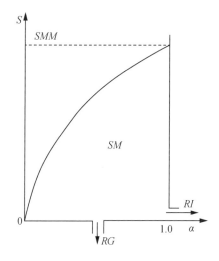

图 4.1-6 自由水蓄量空间分布

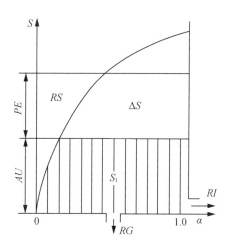

图 4.1-7 不均匀水箱水源划分

$$\alpha = 1 - \left(1 - \frac{S}{SMM}\right)^{EX} \tag{4-23}$$

式中:α 为蓄水深大于 S 的面积比;SMM 为流域最大蓄水径流深;EX 为反映蓄水深流域分布特征的参数。壤中流和地下径流集中为两个出流孔模拟。这样,产生的总径流 R 进入水箱,在径流深加原蓄水深大于水箱高的地方产生地表径流,小于水箱高的流域面积上不产生地表径流,总径流扣去地表流走的径流,为流域蓄水增量 ΔS,它作为壤中流和地下径流的补充水源。壤中流和地下径流的划分,由其出流孔的出流系数确定。水箱划分水源的具体计算式为

$$FR = R/PE \tag{4-24}$$

$$SM = SMM/(1+EX) \tag{4-25}$$

$$AU = SMM\left[1 - \left(1 - \frac{S \cdot FR_0/FR}{SM}\right)^{\frac{1}{1+EX}}\right] \tag{4-26}$$

$$RS = \begin{cases} (PE + S \cdot FR_0/FR - SM) \cdot FR, & PE + AU \geqslant SMM \\ \left[PE + S \cdot FR_0/FR - SM + SM\left(1 - \frac{PE+AU}{SMM}\right)^{EX+1}\right] \cdot FR, & PE + AU < SMM \end{cases} \tag{4-27}$$

$$S = S_0 \cdot FR_0/FR + (R-RS)/FR \tag{4-28}$$

$$RI = KI \cdot S \cdot FR \tag{4-29}$$

$$RG = KG \cdot S \cdot FR \tag{4-30}$$

式中:SM 为流域平均蓄水深;FR 为产流面积比或径流系数;AU 为相应平均蓄水深的最

大蓄水深；FR_0 和 FR 分别为上一时段和本时段的产流面积比。本时段末即下一时刻初的自由水蓄量为

$$S_0 = S \cdot (1 - KI - KG) \tag{4-31}$$

在对自由水蓄水库进行水量平衡计算时，通常将产流量 R 作为时段初的入流量进入自由水蓄水库，而实际上它在时段内是均匀进入的，这就会造成向前差分的误差。其解决方法是，每个计算时段的入流量 R，按 5 mm 为一段分成 N 段，即

$$N = \mathrm{INT}(R/5 + 1) \tag{4-32}$$

由于自由水蓄水库的蓄水量对地下水出流系数 KG、壤中流出流系数 KI、地下径流消退系数 CG、壤中流消退系数 CI 都是以日为时段长定义的，当计算时段长发生改变，它们都要做相应的改变。若将一天划分为 D 个计算时段，时段的参数值以 KG_Δ 和 KI_Δ 表示，则

$$KI_\Delta = \frac{1 - \left[1 - (KI + KG)\right]^{1/D}}{1 + KG/KI} \tag{4-33}$$

$$KG_\Delta = KI_\Delta \cdot \frac{KG}{KI} \tag{4-34}$$

4.1.5　汇流计算

（1）地表径流汇流。地表径流汇流可以采用单位线或者线性水库进行演算，这里采用线性水库进行调蓄，其消退系数为 CS，地表径流总入流计算公式为

$$QS(t) = CS \cdot QS(t-1) + (1 - CS) \cdot RS(t) \cdot U \tag{4-35}$$

式中：U 为单位转换系数，$U = F/(3.6 \times \Delta t)$。

（2）壤中流汇流。表层自由水以 KI 侧向出流后成为壤中流，进入河网。但是土层较厚，表层自由水可以深入深层土，经过深层土的调蓄作用，才进入河网。深层自由水也用线性水库模拟，其消退系数为 CI，壤中流总入流计算公式为

$$QI(t) = CI \cdot QI(t-1) + (1 - CI) \cdot RI(t) \cdot U \tag{4-36}$$

（3）地下径流汇流。地下径流的坡地汇流采用线性水库模拟，其消退系数为 CG，出流进入河网。表层自由水以出流系数 KG 向下出流后，再向地下水库汇流，地下水总入流如下式所示：

$$QG(t) = CG \cdot QG(t-1) + (1 - CG) \cdot RG(t) \cdot U \tag{4-37}$$

（4）单元面积河网总入流。单元面积河网总入流为地表径流、壤中流和地下径流的和，其计算公式为

$$QT(t) = QS(t) + QI(t) + QG(t) \tag{4-38}$$

（5）单元面积河网汇流。单元面积河网汇流采用滞后演算法，其计算公式为

$$Q(t) = CR \cdot Q(t-1) + (1 - CR) \cdot QT(t-L) \tag{4-39}$$

式中:Q 为单元面积出口流量;CR 为河网蓄水消退系数;L 为河网滞时。

4.1.6 模型参数

这里采用的新安江模型预报参数总共有 16 个,见表 4.1-1。

表 4.1-1 新安江模型参数表

参数	物理意义	参数	物理意义
KC	蒸散发折算系数	EX	流域自由水容量分布曲线指数
WUM	上层张力水容量	KG	地下水出流系数
WLM	下层张力水容量	KI	壤中流出流系数
C	深层蒸散发扩散系数	CS	地表径流消退系数
WM	流域张力水容量	CI	壤中流消退系数
B	流域蓄水容量分布曲线指数	CG	地下径流消退系数
IM	不透水面积比例	CR	河网蓄水消退系数
SM	流域自由水蓄水容量	L	河网滞时

4.2 新安江模型参数率定方法

在水文模拟中,一是选用的模型结构要合理,二是模型参数要优化识别。流域水文模型的优化具有多参数同时优化和目标函数难以用模型参数来表达等特点,因此也就不可能通过对目标函数的参数求导的方式直接求解,而只能选择可以计算并逐步改进目标函数值的多参数优化方法进行模型参数的优化识别。参数率定方法可分为人工试错法和自动优选法两种方法。人工试错法是根据人的分析判断来修改参数,最后使目标函数达到预定要求;自动优选法是利用计算机采用某种优化算法迭代得到参数的最优值。

参数人工试错法的基本思路是给出一组参数,通过模型运算,并目视比较模拟值与实测值的拟合程度及目标函数的定量比较,根据经验和知识,逐次调整参数和运算模型,直至达到模拟精度符合要求。人工试错法可以在一定程度上保证参数的物理意义,但模拟精度可能不是最优。另一方面,该方法对参数调试者的知识素质要求较高,需要调试者熟悉模型的计算过程和参数优化规律。

参数自动优选法是由计算机按一定的规则自动优选。这类方法可以系统地找到一组参数,使给定的目标函数达到最优,但自动优化出来的参数可能会不完全符合参数的物理意义。目前,常用的自动优化计算方法包括 Rosenbroke 法、Simplex(单纯形)算法、SCE-UA 算法、遗传算法和种群进化算法等。

4.2.1 Rosenbroke 方法

Rosenbroke 方法是一种迭代寻优的过程,也是目前水文模拟中比较常用的参数优化方法之一。该方法的基本原理是用优化的 n 个参数构造一个 n 维的正交坐标系($S_1^{(k)}$, $S_2^{(k)}$,

$\cdots$，$S_n^{(k)}$ 表示 n 个坐标上的搜索方向，$k = 0,1,\cdots$ 表示寻优的循环次数），通过目标函数的计算，按一定规则改变每个参数的新搜索方向和步长，直至满足优化终止条件。寻优计算的具体步骤如下所示。

步骤一：根据参数的物理意义和合理的取值范围，确定各参数的初始值，即定义寻优函数曲面上起始点 $X^{(0)}$，利用轮换坐标法对每一个参数沿其坐标轴方向搜索，按照单一变量方法进行寻优，所有变量寻优结束后，一轮寻优计算结束，得到一个新的寻优起始点 $X^{(1)}$。

步骤二：确定新的寻优方向，假如从起始点 $X^{(k)}$ 到点 $X^{(k+1)}$，则 $X^{(k)}$ 和 $X^{(k+1)}$ 两点的连线为最优基准线，其他各参数新的寻优方向均与该线垂直，并且各方向之间相互垂直。新的寻优方向可由 Gram-Schmidt 正交公式计算确定：

$$
\begin{aligned}
S_1^{(k+1)} &= X^{(k+1)} - X^{(k)} = \beta_1^{(k)} p_1^{(k)} + \beta_2^{(k)} p_2^{(k)} + \cdots + \beta_n^{(k)} p_n^{(k)} \\
S_2^{(k+1)} &= \beta_2^{(k)} p_2^{(k)} + \cdots + \beta_n^{(k)} p_n^{(k)} \\
&\vdots \\
S_n^{(k+1)} &= \beta_n^{(k)} p_n^{(k)}
\end{aligned}
\tag{4-40}
$$

式中：$\beta_n^{(k)}$ 为从 $X^{(k)}$ 到 $X^{(k+1)}$ 之间在 $S_n^{(k)}$ 方向上的距离；$p_n^{(k)}$ 为 $S_n^{(k)}$ 方向上的计算步长。

在第一次优化计算时，取各方向的单位向量（e_n）为各寻优方向的计算步长（$p_n^{(0)}$）。此后，各方向的计算步长则由下式确定：

$$
\begin{aligned}
w_1 &= S_1^{(k+1)} \\
p_1^{(k+1)} &= w_1 / \parallel w_1 \parallel \\
w_2 &= S_2^{(k+1)} - \left[(S_2^{(k+1)})^{\mathrm{T}} p_1^{(k+1)} \right] p_1^{(k+1)} \\
p_2^{(k+1)} &= w_2 / \parallel w_2 \parallel \\
&\vdots \\
w_n &= S_n^{(k+1)} - \sum_{j=1}^{n-1} \left[(S_n^{(k+1)})^{\mathrm{T}} p_j^{(k+1)} \right] p_j^{(k+1)}
\end{aligned}
\tag{4-41}
$$

如果 $\beta_j^{(k)} = 0$，则取第 j 个方向的上一次搜索方向为本次搜索的方向，即 $p_j^{(k+1)} = p_j^{(k)}$。

按照单一变量方法对每一个参数沿其坐标轴方向进行寻优计算，所有变量寻优结束后，得到一个新的寻优点 $X^{(k+1)}$。

步骤三：重复步骤二，直到精度满足寻优计算收敛标准，退出寻优计算。

4.2.2 SCE-UA 算法

SCE-UA 算法是 Duan 等提出的一个全局优化算法，该算法在复合形直接算法的基础上，按照自然界生物竞争进化原理以及复合形混杂等方法综合而成。SCE-UA 算法能够找到全局最优点，但其全局最优性依赖于随机选取的初始点集的多样性，若初始点集选取不当，则会陷入局部最优解。SCEM-UA 算法在 SCE-UA 算法的基础上，对 SCE-UA 算法做了重要改进，SCEM-UA 算法采用了马尔可夫链蒙特卡罗理论，用 Metropolis-Hastings 算法取代 SCE-UA 算法中的坡降算法（Downhill Simplex Method），并估计出最可能参数集及其后验概率分布，算法陷入局部极小点将得以避免。SCEM-UA 算法能够实现复杂函数的参数估计,且具有全局搜索能力,这些都是极大似然估计法等传统方法所没有的优点。

参数估计中参数后验概率密度的计算是进行 SCEM-UA 算法的重要内容之一。

设 $\hat{y} = \eta(\xi|\boldsymbol{\theta})$,其中 $\hat{y}$ 为模型估计出的 $N \times n$ 维向量,ξ 为输入变量的 $N \times n$ 维矩阵,$\boldsymbol{\theta}$ 为包含 n 个未知参数的向量,y 为样本数据。令

$$E(\boldsymbol{\theta}) = \hat{y}(\boldsymbol{\theta}) - y = \{e_1(\boldsymbol{\theta}), e_2(\boldsymbol{\theta}), \cdots, e_N(\boldsymbol{\theta})\} \tag{4-42}$$

那么,有如下优化目标函数

$$\underset{\boldsymbol{\theta}}{\text{minimize SLS}} = \sum_{j=1}^{N} e_j(\boldsymbol{\theta})^2 \tag{4-43}$$

假设残差相互独立且服从幂分布,那么有下式成立:

$$p(\boldsymbol{\theta}|y, \gamma) = \left|\frac{\omega(\gamma)}{\sigma}\right|^N \exp\left|-c(\gamma)\sum_{j=1}^{N}\left|\frac{e_j(\boldsymbol{\theta})}{\sigma}\right|^{2/(1+\gamma)}\right| \tag{4-44}$$

其中,$p(\boldsymbol{\theta}|y, \gamma)$ 为参数 $\boldsymbol{\theta}$ 后验概率密度函数。

$$\omega(\gamma) = \frac{\{\Gamma[3(1+\gamma)/2]\}^{1/2}}{(1+\gamma)\{\Gamma[(1+\gamma)/2]\}^{3/2}} \tag{4-45}$$

$$c(\gamma) = \left|\frac{\Gamma[3(1+\gamma)/2]}{\Gamma[(1+\gamma)/2]}\right|^{1/(1+\gamma)} \tag{4-46}$$

式中:γ 表示残差的分布模型。若 $\gamma = 0$,则表示残差服从正态分布;若 $\gamma = 1$,则为双指数分布;若 $\gamma \to -1$,则为均匀分布。假设后验概率密度函数 $p(\boldsymbol{\theta}|y, \gamma) \propto \sigma^{-1}$,则有下式成立:

$$p(\boldsymbol{\theta}|y, \gamma) \propto [M(\boldsymbol{\theta})]^{-N(1+\gamma)/2} \tag{4-47}$$

式中:

$$M(\boldsymbol{\theta}) = \sum_{j=1}^{N}\left|e_j(\boldsymbol{\theta})^{2/(1+\gamma)}\right| \tag{4-48}$$

SCEM-UA 算法的具体步骤如下所示。

步骤一:初始化。选择样本群大小参数 s 和复合形数目 q,那么每个复合形中样本数目为 $m = s/q$。

步骤二:产生 s 个样本,计算每个样本点的后验概率密度。

步骤三:将样本点按后验概率密度递减方式排序,存储在数组 $D[1:s, 1:n+1]$ 中,其中 n 为估计参数个数,数组中最右一列存储各样本点的后验概率密度。

步骤四:初始化 q 个并行序列 $S^1, S^2, \cdots, S^q$ 的起始点,即 S^k 为 $D[k, 1:n+1]$,此处 $k = 1, 2, \cdots, q$。将 $D[1:s, 1:n+1]$ 划分为 q 个复合形 $C^1, C^2, \cdots, C^q$,每个复合形含有 m 个样本点,使得第一个复合形包含次序为 $q(j-1)+1$ 的点,第二个复合形包含次序为 $q(j-1)+2$ 的点,等等。$j-1, 2, \cdots, m$。

步骤五:选择参数 $L, T, AR_{\min}, c_n$。对于每个复合形 C^k,调用 SEM 算法,运行 L 次。

步骤六:将所有复合形放入数组 $D[1:s, 1:n+1]$,并将各样本点依后验概率密度递

减排列。

步骤七:检查 Gelman-Rubin(GR) 收敛准则,如果符合收敛条件,则计算结束,否则转至步骤四。

4.2.3 Simplex(单纯形) 算法

Simplex(单纯形) 算法是以要率定的 n 个模型参数构造一个 $(n-1)$ 的多边形。在优化过程中,该多边形按照一定规则逐步向最优目标函数移动,循环搜索直至满足给定的优化条件。其寻优计算的具体步骤如下所示。

步骤一:根据各参数的物理意义和合理的取值范围,确定各参数的初始值,设模型有 n 个待优化参数,即定义寻优函数曲面上起始点 $X^{(0)}$。

$$X^{(0)} = (x_1^{(0)}, x_2^{(0)}, \cdots, x_n^{(0)}) \tag{4-49}$$

以 $X^{(0)}$ 为一个顶点,构造 n 个顶点、$(n-1)$ 条边的多边形,如下式所示:

$$\begin{bmatrix} x_1^{(0)} & x_1^{(0)}+d1 & x_1^{(0)}+d2 & \cdots & x_1^{(0)}+d2 \\ x_2^{(0)} & x_2^{(0)}+d2 & x_2^{(0)}+d1 & \cdots & x_2^{(0)}+d2 \\ x_3^{(0)} & x_3^{(0)}+d2 & x_3^{(0)}+d2 & \cdots & x_3^{(0)}+d2 \\ \vdots & \vdots & \vdots & \vdots & \vdots \\ x_n^{(0)} & x_n^{(0)}+d2 & x_n^{(0)}+d2 & \cdots & x_n^{(0)}+d1 \end{bmatrix} \tag{4-50}$$

式中:$d1$ 和 $d2$ 是确定多边形大小的控制参数。

步骤二:计算并比较多边形各顶点的目标函数值,找出目标函数最大的顶点,记为 $x_h^{(k)}$(h 为顶点编号,k 为寻优循环次数),用其反射点 $x_{new}^{(k)}$ 代替 $x_n^{(k)}$,以构成一个新的多边形。反射点 $x_{new}^{(k)}$ 和多边形重心 $x_c^{(k)}$ 分别由下式计算确定:

$$x_c^{(k)} = \frac{1}{n} \left(\sum_{i=1}^{n+1} x_i^{(k)} - x_h^{(k)} \right)^2 \tag{4-51}$$

$$x_{new}^{(k)} = 2x_c^{(k)} - x_h^{(k)} \tag{4-52}$$

步骤三:重复步骤二,如果最新确定的多边形顶点(反射点),在下一次循环中目标函数最大(在构成新的多边形时将被消除),则求次最大目标函数的反射点,并由此取代次最大目标函数的顶点;在循环过程中,多边形的移动绕着某顶点转,则缩小多边形的大小后,再循环寻优。

步骤四:重复步骤二、步骤三,直至满足精度要求或达到寻优计算规定的其他指标。

由于水文模型不是一个简单的方程,所以参数优选的问题比较困难。自动优选如不加约束,常会得出离奇的参数值,即使加了约束,也会遇到各式各样的困难。例如,不同的初始参数群会得到不同的"最优"参数群;又如,非常不同的参数群常常能以同样可以接收的信度使输出与实测资料拟合。可能造成这些困难的原因大概包括以下方面:① 模型结构有缺陷,有些参数不符合水文现象的物理过程;② 模型中某些参数具有相关关系,必定会出现一个参数的变化可由另一个(或几个) 参数的变化来补偿;③ 局部最优值的影响。在实际应用中,水文参数优化通常采用自动优化算法与人工干预相结合的方法。人工干预就是根据各参数的物理意义和合理的取值范围,结合流域特性确定各参数的初始值,以及对优化结果进行合理性判断和最终参数的选择。

4.2.4 目标函数

目标函数的选择决定了模型参数优化识别的效率、准确性,进而直接影响系统模拟的精度。最小二乘法是较早提出来的模型率定方法,其目标函数的表达式为

$$OBJ(LS) = \frac{\sum_{i=1}^{N}(Q_{obsi} - Q_{simi})^2}{N} \tag{4-53}$$

式中:Q_{obsi} 为实测流量;Q_{simi} 为模拟流量;N 为样本数。

然而,用最小二乘目标函数来率定模型,其结果是对于中等级流量的模拟效果较好,而对于水文过程中的峰值和谷值却难以得到令人满意的模拟效果。为此,一些学者又提出了对数最小二乘法,其目标函数表达式为

$$OBJ(LSL) = \frac{\sum_{i=1}^{N}(\log Q_{obsi} - \log Q_{simi})^2}{N} \tag{4-54}$$

对数最小二乘法的提出,在一定程度上克服了最小二乘法峰谷值模拟欠佳的弊病。为了解决不同量级洪水的模拟精度问题,张建云等还提出了权重目标函数,即在目标函数中,考虑了流量量级(门槛值 Q_r)和不同的分目标函数权重 α,即

$$f_1 = \sum_{i=1}^{n1}\left[Q_{obsi} - Q_{simi}\right]^2\left(1 + \frac{\overline{Q}_{obs} - \overline{Q}_{sim}}{\overline{Q}_{obs}}\right), \quad Q_{obsi} > Q_r \tag{4-55}$$

$$f_2 = \sum_{j=1}^{n1}\left[Q_{obsj} - Q_{simj}\right]^2\left(1 + \frac{\overline{Q}_{obs} - \overline{Q}_{sim}}{\overline{Q}_{obs}}\right), \quad Q_{obsj} \leqslant Q_r \tag{4-56}$$

权重目标函数为

$$f = \min\{\alpha f_1 + (1-\alpha)f_2\} \tag{4-57}$$

式中:Q_{obsi},Q_{obsj} 为实测流量;Q_{simi},Q_{simj} 为模拟流量;f_1 为 $Q_{obsi} > Q_r$ 的流量数;f_2 为 $Q_{obsj} \leqslant Q_r$ 的流量数;$\overline{Q}_{obs}$ 为实测流量的平均值;$\overline{Q}_{sim}$ 为模拟流量的平均值。

在实际应用中,可根据模拟的对象和要求确定门槛值 Q_r 和分目标函数权重 α。

但是,由上述表达式也可以看出,二者都不是标准化的,因此,以此作为优化控制的目标函数,很难比较一个模型在不同流域的应用情况。为方便模型在不同流域内应用效果的比较,常采用 Nash-Sutcliffe 提出的标准化评价指标,即确定性系数,其表达式为

$$R^2 = 1 - \frac{\sum_{i=1}^{N}(Q_{obsi} - Q_{simi})^2}{\sum_{i=1}^{N}(Q_{obsi} - \overline{Q}_{obs})^2} \tag{4-58}$$

显然,若模拟流量与实测流量完美拟合,该确定性系数可以得到最大值 1。一般情况下,该系数在 0 到 1 之间变化,若其为负值,也就意味着还不如以实测流量均值替代所模拟的流量。该标准是目前流域水文模拟中最常使用的目标函数之一。该目标函数可以很好地控制模拟过程的吻合度,但是在洪水过程模拟中,可能洪峰预报精度较高,在整个过程前后错 $1 \sim 2$ 个时段,计算的 R^2 值则很小。因此,要根据具体的问题具体分析,选择合适的目标函数。

为保证水文模拟中的水量平衡,模型参数率定中常用的另外一个标准是相对误差,其表达式为

$$R_e = \frac{MAR_{\text{sim}} - MAR_{\text{obs}}}{MAR_{\text{obs}}} \times 100 \qquad (4-59)$$

式中:MAR_{sim} 为模拟的平均年径流量;MAR_{obs} 为实测的平均年径流量。

显然,如果确定性系数越接近 1,同时相对误差越接近 0,则说明模拟效果越好。在本研究中,选用确定性系数和相对误差作为目标函数进行参数的率定。

参数优化的总目标是尽量减少模型模拟的流量和实测流量的相对误差,同时提高水文过程的模拟吻合程度。因此,采用人机交互方式调试参数时,不仅要求输出每一调试结果的定量描述指标,还要求绘制模拟和实测径流的过程线,以便人工判断参数的合理性及下阶段参数的调试方向。

尽管不同模型的结构存在差异,但基于概念的水文模型都含有以土壤湿度为主的中间状态变量,在进行模型率定的时候,这些中间状态变量是人为给定的,会在某种程度上影响模型的模拟效果,因此,常将模型开始率定前的一段时期作为模型的预热期。为检验模型参数的稳定性,一般将资料的最后几年作为检验期,检验期的资料不用来进行参数的率定,主要用以验证模型的模拟效果。

4.3　实时校正方法

4.3.1　概述

流域水文模型主要研究的是时不变的离线系统,习惯上基本采用观测到的历史水文资料,先确定好模型参数,然后用于未来的洪水预报中。这样的预报方案在实时在线洪水预报系统中,必然会不可避免地存在误差,在一些流域有时得不到满意的结果。

流域水文系统,严格讲是一个时变非线性系统,当时变因素影响不大时可被忽略。例如,流域特征的自然变迁是很缓慢的,一般情况或短期内可以被忽略,但当流域内人类活动频繁或缓慢变迁的长期累积作用导致水文规律发生改变就应该考虑到。当流域内上游水库进行调度拦蓄,或流域内发生突变事件,如发生水库垮坝、河岸决堤、行蓄洪区分洪等时,引起洪水特征的变化就必须考虑其时变性。

流域水文过程是一个非常复杂的过程,在建立模型时,通常要在某些假设条件下进行过程的概化,这在模型外延中可能会带来误差。在模型参数确定中,受历史水文资料的代表性所限,也会存在误差。因此,在实时洪水预报预警中,误差是不可避免的。

实时洪水预报校正就是利用实时系统能获得的观测信息和一切能利用的其他信息对预报误差进行实时校正,以弥补流域水文模型的不足。图 4.3-1 和图 4.3-2 分别表示单用流域模型

图 4.3-1　水文模型框图

和模型与实时校正相结合进行洪水预报的结构框图。$I(t)$ 和 $Q(t)$ 分别表示 t 时刻以前实测的模型输入和输出;QQ 表示可供实时修正利用的其他信息;$QC(t+L)$ 表示未经校正的模型计算结果;$QC(t+L/t)$ 表示经校正的模型计算结果。

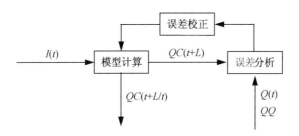

图 4.3-2　实时校正预报框图

实时校正技术的研究方法很多,归纳起来,按修正内容划分,可分为模型误差校正、模型参数校正、模型输入校正、模型状态校正和综合校正五类。模型误差校正,以自回归方法为典型,即根据误差系列建立自回归模型(AR 模型),再由实时误差预报未来误差;模型参数和状态校正,有参数状态方程修正、自动控制中的自适应校正和卡尔曼滤波校正等方法;模型输入校正,主要有滤波方法和抗差分析,如典型的卡尔曼滤波、维纳滤波等,在实际作业预报中,如果发现面平均雨量等模型输入偏差明显,也可以用多源雨量数据分析,订正降雨量,以提高预报的精度;综合校正方法,就是前四者的结合。

4.3.2　自回归校正

自回归校正方法,主要是对模型残差系列:

$$\{e_1, e_2, \cdots, e_t, \cdots, e_{t+L}, \cdots\} \tag{4-60}$$

采用残差自回归估计式:

$$e_{t+L} = c_1 e_t + c_2 e_{t-1} + \cdots + c_p e_{t-p+1} + \xi_{t+L} \tag{4-61}$$

那么预报结果的校正式为

$$QC(t+L/t) = QC(t+L) + \hat{e}_{t+L} \tag{4-62}$$

式中:e_t 为 t 时刻的模型计算误差,$e_t = Q(t) - QC(t)$;ξ_{t+L} 为 $t+L$ 时刻经实时校正的预报系统残差;$c_1, c_2, \cdots, c_p$ 为常系数;p 为模型回归阶数;$\hat{e}_{t+L}$ 为估计的 $t+L$ 时刻误差。

此校正模型假设 $t+L$ 时刻的模型误差与 t 时刻以前的模型误差有关。误差的预测估计式,依赖于回归系数的确定。设已知观测系列:$Q_1, Q_2, \cdots, Q_m$;模型计算系列:QC_1,$QC_2, \cdots, QC_m$;可得到模型误差系列:$e_1, e_2, \cdots, e_m$,将它们分别代入式(4-61),则有

$$\begin{cases} e_{p+L} = c_1 e_p + c_2 e_{p-1} + \cdots + c_p e_1 + \xi_{p+L} \\ e_{p+L+1} = c_1 e_{p+1} + c_2 e_p + \cdots + c_p e_2 + \xi_{p+L+1} \\ \qquad\qquad\qquad\qquad \vdots \\ e_m = c_1 e_{m-L} + c_2 e_{m-L-1} + \cdots + c_p e_{m-L-p+1} + \xi_m \end{cases} \tag{4-63}$$

令

$$\boldsymbol{Y} = \begin{bmatrix} e_{p+L} \\ e_{p+L+1} \\ \vdots \\ e_m \end{bmatrix},\ \boldsymbol{X} = \begin{bmatrix} e_p & e_{p-1} & \cdots & e_1 \\ e_{p+1} & e_p & \cdots & e_2 \\ \vdots & \vdots & \vdots & \vdots \\ e_{m-L} & e_{m-L-1} & \cdots & e_{m-L-p+1} \end{bmatrix},\ \boldsymbol{C} = \begin{bmatrix} c_1 \\ c_2 \\ \vdots \\ c_p \end{bmatrix},\ \boldsymbol{\Omega} = \begin{bmatrix} \xi_{p+L} \\ \xi_{p+L+1} \\ \vdots \\ \xi_m \end{bmatrix}$$

则有式(4-63)的向量矩阵形式

$$\boldsymbol{Y} = \boldsymbol{X}\boldsymbol{C} + \boldsymbol{\Omega} \tag{4-64}$$

式(4-64)中的参数向量不随时间改变,那么可用最小二乘法来确定下式:

$$\boldsymbol{\Omega} = \boldsymbol{Y} - \boldsymbol{X}\boldsymbol{C}$$
$$\min_{\forall C \in R^p} \left\{ \boldsymbol{\Omega}^{\mathrm{T}}\boldsymbol{\Omega} = (\boldsymbol{Y} - \boldsymbol{X}\boldsymbol{C})^{\mathrm{T}}(\boldsymbol{Y} - \boldsymbol{X}\boldsymbol{C}) \right\} \tag{4-65}$$

对式(4-65)求导得

$$\hat{\boldsymbol{C}} = (\boldsymbol{X}^{\mathrm{T}}\boldsymbol{X})^{-1}\boldsymbol{X}^{\mathrm{T}}\boldsymbol{Y} \tag{4-66}$$

4.3.3 递推最小二乘法

式(4-64)参数估计有静态估计和动态估计。静态估计是对时不变系统而言的,动态估计适于时变系统。

动态估计,通常是随着时间的推移,增加的信息不断地被用于估计模型参数。例如,描述时间系列的线性回归模型的观测系列为

$$\begin{cases} (x_{11}, x_{12}, \cdots, x_{1p}; y_1) \\ (x_{21}, x_{22}, \cdots, x_{2p}; y_2) \\ \qquad\qquad \vdots \\ (x_{i1}, x_{i2}, \cdots, x_{ip}; y_i) \end{cases} \tag{4-67}$$

当已知 t 时刻以前的自变量和因变量观测信息,要估计 $t+1$ 时刻的因变量值,首先要根据这些观测信息采用最小二乘法估计参数,然后预测 $t+1$ 时刻的 y 值。这当中存在两个问题:① 每预测一次就要做一次最小二乘法,比较麻烦;② 随着 t 的延续,观测信息量不断增大,资料系列越来越长,最终会超出计算机容量而不易被保存。递推最小二乘法能较好地解决这两方面的问题。其推导如下:

将每个观测值代入回归方程,有

$$\begin{cases} y_1 = x_{11}c_1 + x_{12}c_2 + \cdots + x_{1p}c_p + e_1 \\ y_2 = x_{21}c_1 + x_{22}c_2 + \cdots + x_{2p}c_p + e_2 \\ \qquad\qquad\qquad \vdots \\ y_t = x_{t1}c_1 + x_{t2}c_2 + \cdots + x_{tp}c_p + e_t \end{cases} \tag{4-68}$$

写作向量矩阵形式，有

$$\boldsymbol{Y}_t = \boldsymbol{X}_t \boldsymbol{C}_t + \boldsymbol{\Omega}_t \tag{4-69}$$

其中

$$\boldsymbol{Y}_t = \begin{bmatrix} y_1 \\ y_2 \\ \vdots \\ y_t \end{bmatrix}, \ \boldsymbol{X}_t = \begin{bmatrix} x_{11} & x_{12} & \cdots & x_{1p} \\ x_{21} & x_{22} & \cdots & x_{2p} \\ \vdots & \vdots & \vdots & \vdots \\ x_{t1} & x_{t2} & \cdots & x_{tp} \end{bmatrix}, \ \boldsymbol{C}_t = \begin{bmatrix} c_1 \\ c_2 \\ \vdots \\ c_p \end{bmatrix}, \ \boldsymbol{\Omega}_t = \begin{bmatrix} e_1 \\ e_2 \\ \vdots \\ e_t \end{bmatrix}$$

且 $\boldsymbol{C}_t$ 表示由 t 时刻以前观测到的资料估计的参数。设在 $t-1$ 时刻可得最小二乘估计：

$$\hat{\boldsymbol{C}}_{t-1} = (\boldsymbol{X}_{t-1}^{\mathrm{T}} \boldsymbol{X}_{t-1})^{-1} \boldsymbol{X}_{t-1}^{\mathrm{T}} \boldsymbol{Y}_{t-1} \tag{4-70}$$

到 t 时刻又可得最小二乘估计：

$$\hat{\boldsymbol{C}}_t = (\boldsymbol{X}_t^{\mathrm{T}} \boldsymbol{X}_t)^{-1} \boldsymbol{X}_t^{\mathrm{T}} Y_t \tag{4-71}$$

令

$$\boldsymbol{P}_t = (\boldsymbol{X}_t^{\mathrm{T}} \boldsymbol{X}_t)^{-1} \tag{4-72}$$

$$\boldsymbol{U}_t = \boldsymbol{X}_t^{\mathrm{T}} \boldsymbol{Y}_t \tag{4-73}$$

那么有

$$\hat{\boldsymbol{C}}_t = \boldsymbol{P}_t \boldsymbol{U}_t \tag{4-74}$$

$$\hat{\boldsymbol{C}}_{t-1} = \boldsymbol{P}_{t-1} \boldsymbol{U}_{t-1} \tag{4-75}$$

展开式(4-72)，有

$$\boldsymbol{P}_t = \left\{ \begin{bmatrix} x_{11} & x_{12} & \cdots & x_{1p} \\ x_{21} & x_{22} & \cdots & x_{2p} \\ \vdots & \vdots & \vdots & \vdots \\ x_{t1} & x_{t2} & \cdots & x_{tp} \end{bmatrix}^{\mathrm{T}} \begin{bmatrix} x_{11} & x_{12} & \cdots & x_{1p} \\ x_{21} & x_{22} & \cdots & x_{2p} \\ \vdots & \vdots & \vdots & \vdots \\ x_{t1} & x_{t2} & \cdots & x_{tp} \end{bmatrix} \right\}^{-1} \tag{4-76}$$

记

$$\boldsymbol{X}^{(t)} = \begin{bmatrix} x_{t1} \\ r_{t2} \\ \vdots \\ x_{tp} \end{bmatrix}, \ \boldsymbol{X}^{(t-1)} = \begin{bmatrix} x_{(t-1)1} \\ x_{(t-1)2} \\ \vdots \\ x_{(t-1)p} \end{bmatrix}, \ \cdots, \boldsymbol{X}^{(2)} = \begin{bmatrix} x_{21} \\ x_{22} \\ \vdots \\ x_{2p} \end{bmatrix}, \boldsymbol{X}^{(1)} = \begin{bmatrix} x_{11} \\ x_{12} \\ \vdots \\ x_{1p} \end{bmatrix}$$

那么

$$P_t^{-1} = \begin{bmatrix} X^{(1)}, X^{(2)}, \cdots, X^{(t-1)}, X^{(t)} \end{bmatrix} \begin{bmatrix} X^{(1)\,\mathrm{T}} \\ X^{(2)\,\mathrm{T}} \\ \vdots \\ X^{(t-1)\,\mathrm{T}} \\ X^{(t)\,\mathrm{T}} \end{bmatrix}$$

$$= X^{(1)} X^{(1)\,\mathrm{T}} + X^{(2)} X^{(2)\,\mathrm{T}} + \cdots + X^{(t-1)} X^{(t-1)\,\mathrm{T}} + X^{(t)} X^{(t)\,\mathrm{T}}$$

有

$$P_t^{-1} = P_{t-1}^{-1} + X^{(t)} X^{(t)\,\mathrm{T}} \tag{4-77}$$

式(4-77)两边分别乘 P_t 和 P_{t-1},得

$$P_{t-1} = P_t + P_t X^{(t)} X^{(t)\,\mathrm{T}} P_{t-1} \tag{4-78}$$

再用 $X^{(t)}$ 右乘式(4-78),得

$$\begin{aligned} P_{t-1} X^{(t)} &= P_t X^{(t)} + P_t X^{(t)} X^{(t)\,\mathrm{T}} P_{t-1} X^{(t)} \\ &= P_t X^{(t)} \begin{bmatrix} 1 + X^{(t)\,\mathrm{T}} P_{t-1} X^{(t)} \end{bmatrix} \end{aligned} \tag{4-79}$$

上式两边分别除以 $[1 + X^{(t)\,\mathrm{T}} P_{t-1} X^{(t)}]$,再右乘 $X^{(t)\,\mathrm{T}} P_{t-1}$,得

$$P_{t-1} X^{(t)} \begin{bmatrix} 1 + X^{(t)\,\mathrm{T}} P_{t-1} X^{(t)} \end{bmatrix}^{-1} X^{(t)\,\mathrm{T}} P_{t-1} = P_t X^{(t)} X^{(t)\,\mathrm{T}} P_{t-1} \tag{4-80}$$

将式(4-78)代入上式,得

$$P_t = P_{t-1} - P_{t-1} X^{(t)} \begin{bmatrix} 1 + X^{(t)\,\mathrm{T}} P_{t-1} X^{(t)} \end{bmatrix}^{-1} X^{(t)\,\mathrm{T}} P_{t-1} \tag{4-81}$$

U_t 的递推式很简单,可直接得出

$$U_t = U_{t-1} + X^{(t)} y_t \tag{4-82}$$

把式(4-81)和式(4-82)代入式(4-74),得

$$\hat{C}_t = \hat{C}_{t-1} - P_{t-1} X^{(t)} \begin{bmatrix} 1 + X^{(t)\,\mathrm{T}} P_{t-1} X^{(t)} \end{bmatrix}^{-1} \begin{bmatrix} X^{(t)\,\mathrm{T}} \hat{C}_{t-1} - y_t \end{bmatrix} \tag{4-83}$$

4.4 误差校正方法评估与应用

一种实时误差校正方法应用要考虑校正效果、校正方法的适用性和方法的合理性及应用效果检验。这里以常用的自回归校正方法为例讨论。

4.4.1 校正效果评估

效果评价通常从原模型效果、校正后模型效果和校正效果三方面来分析。

原模型效果就是只用模型进行预报,不考虑任何实时信息进行误差校正的预报效果。其效果定量评价系数如下:

$$DC_o = 1 - \sum_{i=1}^{LT} (QC_i - Q_i)^2 / \sum_{i=1}^{LT} (Q_i - \overline{Q})^2 \qquad (4\text{-}84)$$

式中：Q，$\overline{Q}$ 分别为实测流量及其均值；QC 为模型计算值；LT 为计算时段数。

校正后模型效果就是模型计算加上实时信息进行误差校正的预报总效果。其效果定量评价系数如下：

$$DC_t = 1 - \sum_{i=1}^{LT} (QC_i^u - Q_i)^2 / \sum_{i=1}^{LT} (Q_i - \overline{Q})^2 \qquad (4\text{-}85)$$

式中：QC^u 为实时信息进行误差校正的预报总流量。

校正效果就是校正后模型误差相对于原模型误差的效果。其效果定量评价系数如下：

$$DC_u = 1 - \sum_{i=1}^{LT} (QC_i^u - Q_i)^2 / \sum_{i=1}^{LT} (Q_i - QC_i)^2 \qquad (4\text{-}86)$$

式（4-84）的效果系数值完全取决于原模型的效果，与实时校正方法无关；式（4-85）的效果系数值与原模型的效果和实时校正效果都有关系；只有式（4-86）的效果系数值只与校正方法有关。因此，一般讲的实时校正效果，应该用式（4-86）计算。

4.4.2 方法的适用性

根据使用 AR 模型的前提条件，误差系列应是前后时段相关的，其相关性越好，AR 模型使用的效果会越好。因此，在实际使用时，通常可以对历史洪水模型模拟误差系列的相关性进行分析，进而分析方法的适用性和其效果。

为讨论简单，这里以最简单的 AR 模型为例。设模型误差系列具有零均值特点，且可用如下一阶自回归模型进行预测：

$$e_{t+L} = c_1 e_1 + \zeta_{t+L} \qquad (4\text{-}87)$$

用最小二乘法可确定回归系数为

$$c_1 = \frac{\sum\limits_{t} e_t e_{t+L}}{\sum\limits_{t} e_t^2} \qquad (4\text{-}88)$$

而误差系列的相关系数 $r_{t,t+L}$ 为

$$r_{t,t+L} = \frac{\sum\limits_{t} e_t e_{t+L}}{\sqrt{\sum\limits_{t} e_t^2 \sum\limits_{t} e_{t+L}^2}} \qquad (4\text{-}89)$$

所以有关系

$$c_1 = \frac{\sum\limits_{t} e_t e_{t+L}}{\sum\limits_{t} e_t^2} \frac{\sqrt{\sum\limits_{t} e_t^2 \sum\limits_{t} e_{t+L}^2}}{\sqrt{\sum\limits_{t} e_t^2 \sum\limits_{t} e_{t+L}^2}} = r_{t,t+L} \frac{\sqrt{\sum\limits_{t} e_{t+L}^2}}{\sqrt{\sum\limits_{t} e_t^2}} \qquad (4\text{-}90)$$

那么根据式(4-86),得

$$DC_u = 1 - \frac{\sum\limits_{i=1}^{LT}(QC_i^u - Q_i)^2}{\sum\limits_{i=1}^{LT}(Q_i - QC_i)^2} = 1 - \frac{\sum\limits_i \zeta_{i+L}^2}{\sum\limits_i e_{i+L}^2}$$

将式(4-87)代入上式,得

$$DC_u = 1 - \frac{\sum\limits_i(e_{i+L} - c_1 e_i)^2}{\sum\limits_i e_{i+L}^2}$$

展开上式,得

$$DC_u = \frac{\sum\limits_i(2c_1 e_i e_{i+L} - c_1^2 e_i^2)}{\sum\limits_i e_{i+L}^2}$$

将式(4-87)代入上式,得

$$DC_u = \frac{\sum\limits_i[2c_1 e_i(c_1 e_i + \zeta_{i+L}) - c_1^2 e_i^2]}{\sum\limits_i e_{i+L}^2} = \frac{\sum\limits_i c_1^2 e_i^2 + \sum\limits_i 2c_1 e_i \zeta_{i+L}}{\sum\limits_i e_{i+L}^2}$$

根据误差 e_i 与残差 ζ_{i+L} 的不相关性,有

$$DC_u = c_1^2 \frac{\sum\limits_i e_i^2}{\sum\limits_i e_{i+L}^2}$$

将式(4-90)代入上式,得

$$DC_u = r_{t,t+L}^2 \tag{4-91}$$

由式(4-91)可知,式(4-87)的修正有效性系数等于其误差系列相关系数的平方。对于如式(4-61)的一般自回归修正模式,也可有类似的关系。因此,自回归修正模式的有效性与其误差系列的相关系数密切相关,通常可根据相关系数的大小分析其修正效果。

参考文献

[1] 包为民. 水文预报[M]. 5版. 北京:中国水利水电出版社,2017.

[2] 长江水利委员会. 水文预报方法[M]. 2版. 北京:水利电力出版社,1993.

[3] 瞿思敏,包为民,石朋,等. AR模式误差修正方程参数抗差估计[J]. 河海大学学报(自然科学版),2003(5):497-500.

[4] 水利部水文局,长江水利委员会水文局. 水文情报预报技术手册[M]. 北京:中国水利水电出版社,2010.

[5] 水利部水文局. 水文情报预报规范:GB/T 22482—2008[S]. 北京:中国标准出版社,2008.

[6] 何惠,张建云. 马斯京根法参数的一种数学估计方法[J]. 水文,1998(5):14-17.

［7］张建云,何惠. 应用地理信息进行无资料地区流域水文模拟研究［J］. 水科学进展,1998(4):345
　　-350.

［8］刘金平,张建云. 中国水文预报技术的发展与展望［J］. 水文,2005(6):1-5＋64.

［9］宋晓猛,张建云,占车生,等. 水文模型参数敏感性分析方法评述［J］. 水利水电科技进展,2015,
　　35(6):105-112.

［10］BAO Z X,ZHANG J Y,LIU J F,et al. Comparison of regionalization approaches based on
　　　regression and similarity for predictions in ungauged catchments under multiple hydro-climatic
　　　conditions［J］. Journal of Hydrology,2012,466-467:37-46.

第五章

洪水预警预报平台

5.1 平台功能与数据处理

5.1.1 平台功能

中小河流洪水预警预报系统功能主要包括数据处理、模型管理、预报方案管理、模型参数率定、实时作业预报、预报成果优选、预报精度评定和系统管理等,实现中小河流预报断面及相关控制站的洪水预警预报。

平台功能的 IPO[软件结构设计中的输入(Input)、加工(Processing)和输出(Output)]图是软件输入加工输出图的简称,如图 5.1-1 所示,系统功能结构如图 5.1-2 所示。

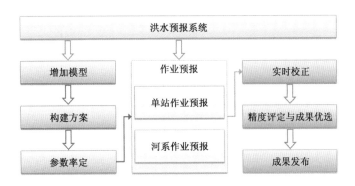

图 5.1-1 洪水预报系统功能 IPO 流程图

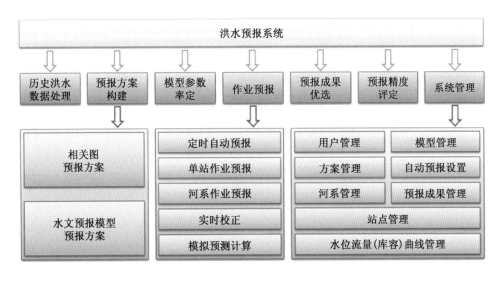

图 5.1-2 洪水预报系统的功能模块图

洪水预报系统实现了水文预报模型与预报断面洪水预报方案的在线管理,即可以实时向系统增加新的水文模型,实时构建预报断面的预报方案并进行模型参数率定。每个预报断面可以构建多套洪水预报方案,系统提供多套预报方案的预报结果精度评价与优选功能。

5.1.2 数据处理

洪水预报系统管理的数据包括历史洪水数据,用于模型参数的率定。

历史洪水数据管理主要是录入、修改洪水水文要素摘录、日均水位流量、时段降水量、日降水量和日蒸发量等数据,具有查询、修改、导入及校验等功能,界面如图 5.1-3 所示。

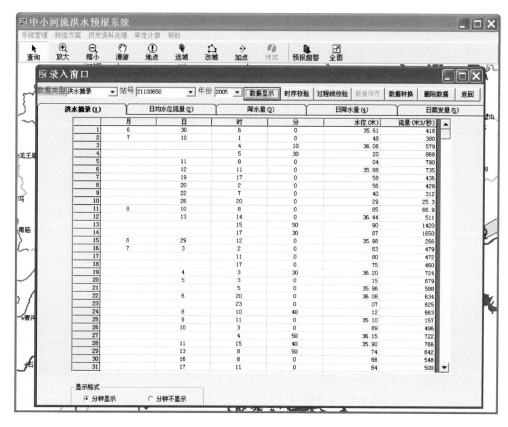

图 5.1-3 历史洪水数据管理界面

(1)数据类型。可选择洪水摘录、洪水日资料、降雨摘录、降雨日资料、日蒸发量共 5 种类型。选择相应类型,确认后,表格窗口显示对应的类型。

(2)站号。采用 8 位站码。如新输入数据,可输入 8 位站码;如检查、修改数据,可点击下拉按钮,系统会检索数据库内已有的站号。

(3)年份。如新输入数据,可输入 4 位年份;如检查、修改数据,可点击下拉按钮,系统会检索数据库内已有的年份。

(4)数据显示。在选择数据类型、站号、年份后,点击"数据显示",则会显示对应的数据。

(5)时序校验。在数据表格中输入数据后,或选择数据后,点击"时序校验",可对数据进行时间的检查,以确保数据时间从前往后排列。

(6)过程线校验。在数据表格中输入数据后,或选择数据后,点击"过程线校验",可以过程线方式显示数据,以判别数据准确与否。

（7）数据保存。在数据表格中输入数据后，或选择数据进行修改后，"数据保存"变为可用状态，点击"数据保存"，以保存入库。

（8）数据转换。点击"数据转换"，弹出数据整批转入窗口。可以转换4类数据类型：洪水摘录、降水摘录、日均水位流量、日降水量。在转入过程中，会对数据的时间、格式进行自动检测，并做出提示。

（9）删除数据。在数据表格中输入数据后，或选择数据后，点击"删除数据"，则删除该站所对应的类型和年份的数据。

（10）显示格式。可选择显示分钟列和不显示分钟列。

5.2 模型管理系统

模型管理系统采用模型库的方式管理水文预报模型。模型管理的功能实现模型的入库、修改、删除、查询及默认配置等功能。系统支持分布式模型。

5.2.1 模型接口设计

为了实现实时向系统增加新的模型，并实现实时构建方案，模型的分类和模型接口必须统一。

模型对外界交换信息较多，数据接口通常采用数据文件形式。洪水预报模型除了均具有模型参数、开始状态、结束状态的输入输出文件，还因其模拟对象不同而具有不同的数据输入输出文件。洪水预报模型按其模拟对象可分为以下5种。

（1）流域产流预报模型。如蓄满产流模型（SMS）、降雨径流相关图（P_R）等。该类模型输入为流域内点雨量或面雨量系列文件，输出为流域径流深系列文件。

（2）流域汇流预报模型。如流域滞后演算法（LAG）、谢尔曼单位线（UH_B）等。该类模型输入为流域径流深系列文件，输出为出口断面水位流量系列文件。

（3）流域产汇流预报模型。如新安江模型（XIN）、萨克拉门托模型（SAC）等。该类模型输入为流域内点雨量或面雨量系列文件，输出为出口断面水位流量系列文件。

（4）河道汇流预报模型。如马斯京根演算法（MSK）、差分解扩散波法（KSB）等。该类模型输入为上断面水位流量系列文件，输出为下断面水位流量系列文件。

（5）特定断面经验预报模型。该类模型是根据特定地区流域特性和洪水规律研制开发的特定断面洪水预报模型。该类模型输入可能为上断面水位流量系列文件，流域内点雨量、面雨量系列文件或实测水位流量系列文件，输出为下断面水位流量系列文件。

常用预报模型的输入和输出文件种类共有10种，即模型参数文件、模型开始状态文件、等时段水位流量输入文件、实测水位流量输入文件、等时段点雨量输入文件、等时段面雨量输入文件、等时段径流深输出（输入）文件、模型结束状态文件、等时段水位流量输出文件、等时段蒸发输入文件。

本系统的模型接口设计为将此10个数据文件名称按固定顺序存于一个控制文件中，该控制文件为模型唯一的接口参数，以实现系统与模型之间的信息交换。

预报模型依据其不同类型在相应顺序中存取相应的输入和输出信息，成为可通用的标准预报模型，如图5.2-1所示。

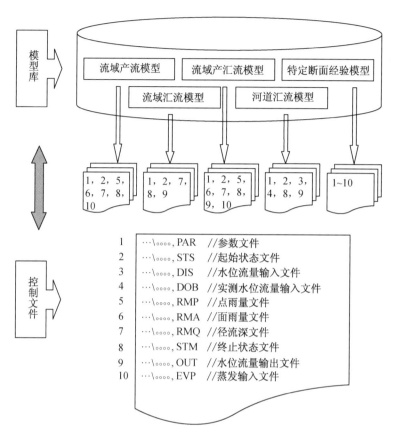

图 5.2-1　模型接口定义示意图

5.2.2　功能描述

模型管理具体功能包括模型查询、增加模型、模型删除、模型修改,界面如图5.2-2所示。

（1）模型查询

模型查询功能提供模型查询的界面,显示当前系统使用的所有模型,以及当前选定模型的模型名称、模型类型、模型说明、模型缺省资料(缺省参数文件、缺省状态文件、缺省范围文件、缺省关系文件)。

（2）增加模型

增加模型功能提供实时向系统增加新的模型,界面如图5.2-3所示。通过此界面可以设定添加模型的模型名称、模型类别、动态库路径、模型说明、模型是否可以率定、模型缺省资料(缺省参数文件、缺省状态文件、缺省范围文件、缺省关系文件)。

（3）模型删除

模型删除功能提供删除系统中选定的模型。

（4）模型修改

模型修改功能提供修改模型的特性,包括修改当前选定模型的模型类别、模型说明、模型缺省资料(缺省参数文件、缺省状态文件、缺省范围文件、缺省关系文件)。

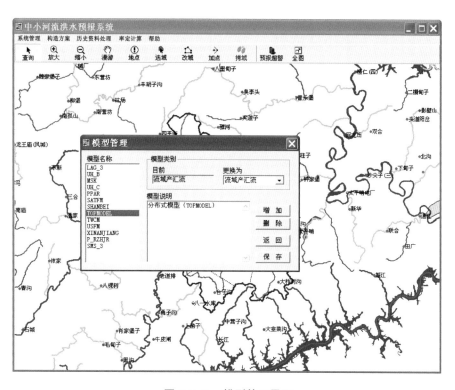

图 5.2-2　模型管理界面

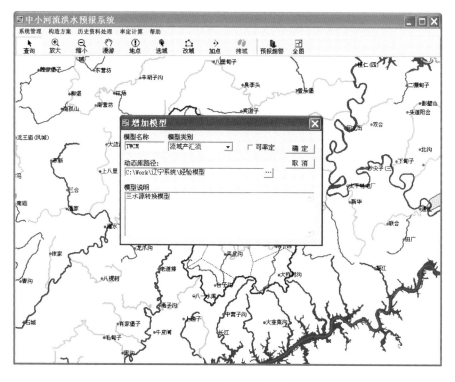

图 5.2-3　增加模型界面

5.3 洪水预报方案构建流程

洪水预报方案是模型及其参数和预报参数配置的集合。方案构建就是在洪水预报系统中为预报断面定义一个新的预报方案。预报方案主要包括相关图预报方案和水文预报模型预报方案 2 类,不同类型预报方案的构建过程也不相同,在洪水预报系统中选择"方案构建"功能,选择不同的洪水预报方案后,2 种洪水预报方案的构建过程和功能设计如下。

5.3.1 相关图预报方案

如图 5.3-1、图 5.3-2 所示,相关图预报方案属性包括以下几个内容。

(1)预报站码,为预报断面代码,一般为 8 位报汛代码。输入站码后,会自动显示其对应的站名。

(2)方案代码,即此方案对应的方案编号,该编号依据预报断面已有的编号基础上自动加 1。

(3)计算时段长,即模型计算的步长,通常为预报断面所处流域的报汛时段长。

(4)传播时间,为该方案的自然预见期,也可理解为最短的预见期。当该方案具有未来降雨预报或流量输入预报时,可修改延长该预见期。其值为计算时段长的倍数。

(5)方案输出类型,即预报方案预报输出的类型,其值可选择为河道水位、河道流量、河道水位流量、水库入库流量。

(6)水位流量关系曲线名。系统能采用所选择的水位流量关系曲线自动进行水位流量相互转换。

(7)因变量名称,一般为相关图第一象限 X 轴的名称,X 轴为预报要素。

(8)主变量名称。

(9)主变量类型,分为水位、流量两种类型,可根据相关图选择相应类型。

(10)主变量水位流量组合。当主变量类型为水位时,此组合只有一组站号。而当主变量类型为流量时,此组合可采用多组站号组成合成流量,通过"设置"功能,确定其组合关系。

(11)参变量 $Z1$、$Z2$ 名称。相关图预报方案最多适用 2 个参数,如有参数,可输入相应的参数名称。

(12)传播时间参变量名称。传播时间参变量最多适用于 1 个,如有参数,可输入相应的参数名称。

(13)方案说明,即该预报方案的简要说明,其字数在 250 个汉字以内,以便对该预报方案有大致了解。其内容应包括预报方案来源、采用的模型方法、主要预报站、预报断面情况等。

(14)相关图节点。通过录入相关图节点,生成对应的图形。

设置所有预报方案要素后,点击"确定"即完成相关图预报方案的构建。

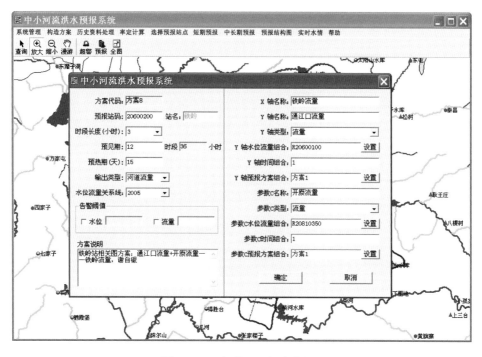

图 5.3-1　相关图预报方案界面

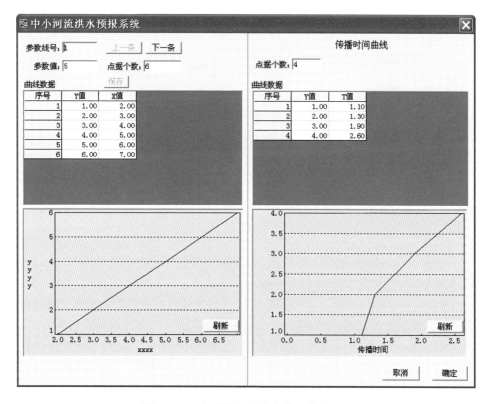

图 5.3-2　相关图预报方案关系曲线界面

5.3.2 水文预报模型预报方案

构建新的水文预报模型预报方案分为方案基本属性设置、方案模型确定、流域边界圈画、雨量站权重设置4个步骤。

5.3.2.1 方案基本属性设置

如图5.3-3所示,水文预报模型预报方案基本属性包括以下几个内容。

(1)预报站码,为预报断面代码,一般为8位报汛代码。输入站码后,会自动显示其对应的站名。

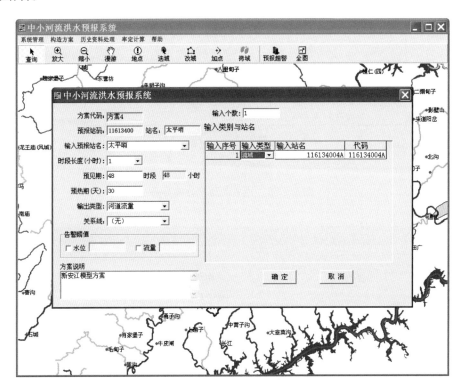

图 5.3-3 预报方案基本属性设置界面

(2)方案代码,即此方案对应的方案编号,该编号依据预报断面已有的编号基础上自动加1。

(3)计算时段长,即模型计算的步长,通常为预报断面所处流域的报汛时段长,如长江流域大多为6 h,黄河三花区间为2 h等。

(4)预见期,为该方案的自然预见期,也可理解为最短的预见期。当该方案具有未来降雨预报或流量输入预报时,可修改延长该预见期。其值为计算时段长的倍数。

(5)预热期。设置该方案提前计算的时间长,即为预热期,同时对于水文模型预报方案而言,预热期可消除模型初始状态对预报的影响。其值可根据流域情况和模型计算的要求来设定,以天为单位。

(6)方案输出类型,即预报方案预报输出的类型,其值可选择为河道水位、河道流量、河道水位流量、水库入库流量。

（7）水位流量关系曲线名。系统能采用所选择的水位流量关系曲线自动进行水位流量相互转换。

（8）方案说明，即该预报方案的简要说明，其字数在 250 个汉字以内，以便对该预报方案有大致了解。其内容应包括预报方案来源、采用的模型方法、主要预报站、预报断面情况等。

（9）增加方案输入。方案输入类型包括"河道站""区域"2 类，河道站类型是指预报断面上游站，需要选择站码；区域代码自动设置。

5.3.2.2 方案模型确定

预报方案模型的确定即为水文模型预报方案的每一个输入定义所采用的模型方法、模型参数、模型状态，如图 5.3-4 所示。

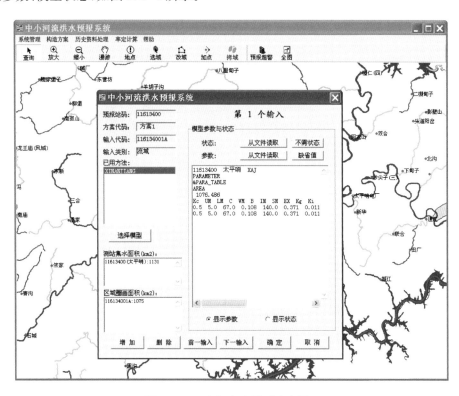

图 5.3-4 预报方案模型确定界面

点击"选择模型"，弹出水文模型预报方案有关模型信息输入的界面，如图 5.3-5 所示，主要选择模型代码、输入模型对应的参数和状态等。

点击"选择模型"，弹出选择模型窗口，该窗口列出与输入类型相对应的所有模型代码，选择所需的预报模型代码，点击"确定"完成模型选择。

针对每一个模型，需要匹配相对应的、默认的参数文件和状态文件。如选择的模型为可率定模型，则模型参数"缺省值"为可用，可点击"缺省值"获取该模型的缺省参数文件，同时，其状态文件可以不用设置。如选择的模型为不可率定模型，则模型参数"缺省值"为不可用，需要通过点击"从文件获取"来选择相应的参数文件和状态文件。参数文件必须选取，而状态文件则可依据模型本身是否需要而定。

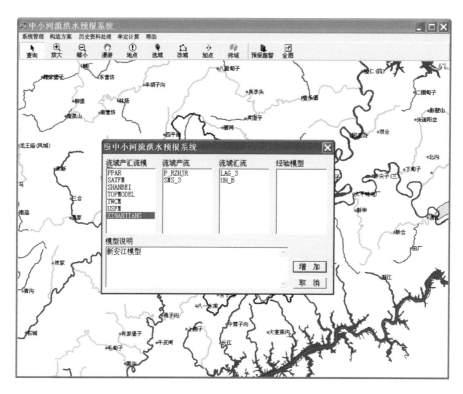

图 5.3-5　预报模型选择界面

5.3.2.3　流域边界圈画

为显示水文模型预报方案中区域输入的地理范围以及计算雨量站的控制面积,需定义区域输入边界,此为大致边界,可通过 2 种方式获取。

（1）手工圈画

点击"手工圈画",鼠标变为十字形,以人工目测流域边界所经过的地方点击鼠标,如需结束圈画,双击鼠标即可完成。随后系统弹出区域输入代码设置窗口。通过选择测站代码、方案代码,流域代码窗口条中列出此方案所有的区域代码名称,选取其一即可完成。

（2）自动生成

根据水系和三维地形,系统可自动勾画出区域边界。通过设置方案的出口及区域,点击"区域"后出现方案站点选项,通过批量添加确定区域内的所有站点,完成设置流域边界控制点后,点击"自动圈画",系统依据所给定的控制点、所在流域水系和三维地形,自动生成流域边界。

5.3.2.4　雨量站权重设置

对于有区域输入的预报方案,可设置区域内雨量站的控制权重。

雨量站权重设置有 3 种方法:泰森多边形法、算术平均法和自定义。

（1）泰森多边形法。在当前预报方案下,可运行泰森多边形法,求得雨量站控制面积,如图 5.3-6 所示。

（2）算术平均法。在当前预报方案下,运行算术平均法,求得各雨量站平均控制面积。

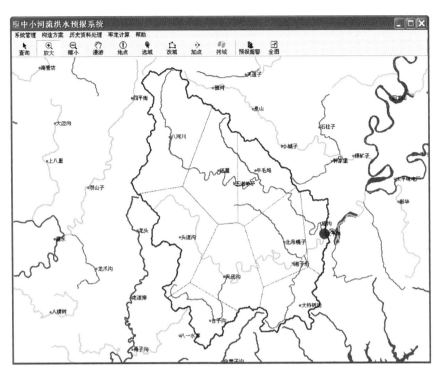

图 5.3-6　面雨量计算泰森多边形法

（3）自定义。在当前预报方案下,用户可自定义各雨量站的权重,但总权重应为 1,如图 5.3-7 所示。

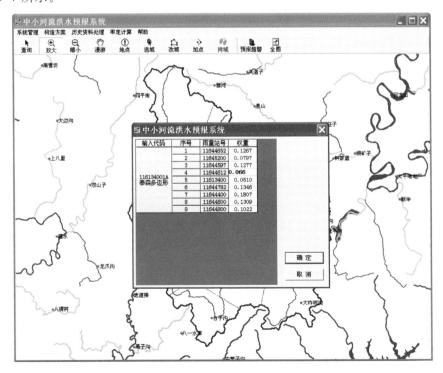

图 5.3-7　雨量站权重设置界面

5.4 模型参数率定

模型参数率定对于采用可率定模型构建的洪水预报方案,可通过人工试错和自动优选相耦合的方法对模型中单值参数进行率定,以最终确定可用于作业预报的洪水预报方案的各参数值。它支持单位线辅助率定功能。

模型参数率定界面如图 5.4-1 所示。

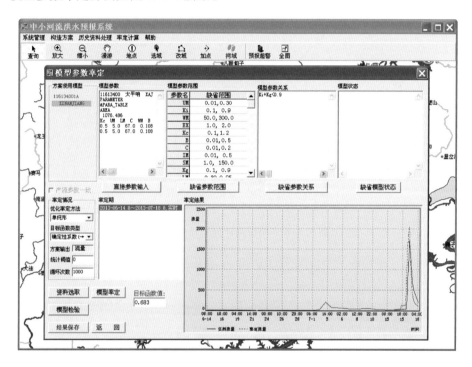

图 5.4-1 模型参数率定界面

参数率定窗口需要设置以下内容:输入直接参数,设定参数范围或参数值,设定率定期,选择优化方法,设定不收敛循环次数,选择目标函数,设定统计阈值等内容。

(1)直接参数输入。直接参数是模型参数中可以直接确定而不需要通过率定来确定的参数,如流域面积等。直接参数的默认值为－9999,点击"直接参数输入",系统根据－9999 标识符确定直接参数列表,在相应输入框中输入参数值即可。

(2)缺省参数范围。如想恢复该模型的缺省参数范围,可点击"缺省参数范围"即可。某些参数若采用人工试错确定,可在模型参数范围中设定该参数为单值,即该参数不进行自动优选。某些参数若采用自动优选确定,可在模型参数范围中设定该参数为上、下限值,则该参数将采用自动优化方法优化出参数值。当参数范围值后带 N 时,系统设定该参数为整型参数。

(3)缺省参数关系。如要恢复该模型的缺省参数关系,点击"缺省参数关系"即可。

(4)缺省模型状态。如要恢复该模型的缺省模型状态,点击"缺省模型状态"即可。

(5)优化率定方法。它有两种方法:单纯形法和 Rosenbroke 方法,这两种方法没有较大区别,唯一区别在于前者优化快,但精度稍微低一点。被选择的优化方法将对那些制定一定参数优选范围的参数进行优选。

（6）目标函数类型。目标函数有确定性系数和水量平衡两种可选。确定性系数目标函数用来判别模拟水文过程和实测水文过程拟合好坏,水量平衡目标函数用来判别模拟水文过程的水量同实测水文过程的水量的拟合好坏,因此,确定性系数目标函数的标准明显高于水量平衡目标函数。

（7）方案输出。此为构建方案时所定义的方案输出,用于目标函数的计算。

（8）统计阈值。在计算目标函数时,可设定某一统计阈值,对大于该统计阈值的水文过程进行目标函数计算,以便所率定的参数值具有某方面的代表性。

（9）循环次数。优化方法计算自动退出的条件是前后目标函数值相差在 1×10^{-6} 以内。多数情况下,该条件很难满足,有必要设定优化循环次数,以顺利退出优化程序。

（10）历史资料统计。点击"历史资料统计",弹出对预报专用数据库中的历史水文资料统计和选用窗口。选择"方案输入"框中任意输入,系统会对该输入所涉及的雨量、流量等资料进行统计列表,以查看所有站、所有年份的资料统计情况。点击"增加"并修改时间段以增加一段定期资料用于参数率定,可以选择多段率定期。值得注意的是,在多段率定期的情况下,由于模型是把所有率定期合成一个时间系列连续计算,因此,必须注意前一率定期结束时间的模型状态应与后一率定期开始时间的状态比较一致。

（11）实时资料。点击"实时资料",弹出对实时雨水情数据库中的实时资料统计和选用窗口,该窗口及使用方法类似于历史资料统计窗口。

（12）模型率定。点击"模型率定",系统进入参数率定状态,并显示率定进度状态。待率定结束后,在"目标函数值"栏中显示最后的目标函数值。

（13）模型检验。点击"模型检验",系统进行模型检验计算,并在"目标函数值"栏中显示检验的目标函数值。

（14）率定期。在资料选用结束后,所选用的率定期显示在该栏目中。当模型率定或模型检验结束后,点击某一检验期,将在"率定结果"栏中以过程线的形式显示模拟过程和实测过程对比情况。

（15）保存结果。当模型率定结束后,如率定达到满意结果,点击"保存结果",系统将把率定后的模型参数保存入库,以用于实时作业预报。

5.5　实时交互预报

本模块用于中小河流的作业预报业务,具有自动预报、单站交互式预报、河系交互式预报 3 种工作模式,同时具有实时校正、模拟降雨预测功能,支持分布式预报模型、经验系数法和上下游相关图预报方案。

5.5.1　自动预报

自动预报模式能够根据降雨区域自动启动相关预报断面的预报作业,预报人员能够事先设定用于自动预报的预报方案和参数。在日常作业中,预报人员可以根据降雨情况及汛期的不同阶段重新设置预报参数,自动预报成果能够自动进行实时校正,预报成果能够直接保存到预报中间成果表中,并区分出是来自自动预报作业还是人机交互式作业。

点击"启动自动预报",系统进入自动预报状态,系统将依据方案管理中所设定的预报方案、预报顺序、是否自动校正、是否自动发布等设置逐时自动启动预报。考虑到实时信息收集所需的时间,系统将依据预报方案中的计算时段长,在其相应整时段点滞后 1 h 和 2 h 分别进行两次预报计算,第二次预报成果将更新第一次预报成果,如选中自动保存,则两次预报成果均自动保存。

5.5.2 单站交互式预报

人机交互式预报能够为预报人员提供便捷的预报资料选取功能,可以选定预报断面、指定预报模型、调整模型参数、实时校正预报成果、优选预报成果、管理发布成果等,对当前所选择的预报断面进行单站交互式预报。点击"单站作业预报",弹出作业预报时间设置窗口,用以设置预报时间、起始时间、结束时间,如图 5.5-1 所示。

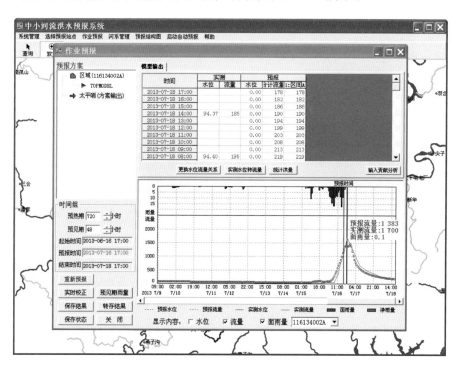

图 5.5-1　单站交互式预报界面

界面窗口分为五部分:方案输入、模型信息、时间设置、功能按钮、结果显示。

1) 方案输入部分。此部分显示预报方案所有输入代码、每个输入所采用的模型和方案输出。点击每个方案输入所对应的模型,在模型信息部分则显示该模型所有的信息。点击不同的模型在模型信息部分具有不同的页面条,对于河道河流模型(如 MSK),页面条显示为模型参数、模型状态、时段流量、模型输出;对于流域产流模型(如 SMS_3),页面条显示为模型参数、模型状态、点雨量、面雨量、净雨量;对于流域汇流模型(如 LAG_3),页面条显示为模型参数、模型状态、净雨量、模型输出;对于经验模型,页面条显示为模型参数、模型状态、点雨量、面雨量、时段流量、模型输出。对于方案输出项,页面条仅显示预报和实测过程。

2）模型信息部分。模型信息以页面条形式显示。模型参数、模型状态、面雨量、净雨量、模型输出等 4 项页面条可用文本或表格的方式来显示和修改，而单位线模型参数、模型状态、点雨量、时段流量、方案输出 5 项页面条既可通过文本或表格的方式，也可通过图形的方式进行显示和修改。一旦对任何模型信息做了修改，功能按钮中的"重新计算"就会变为可用状态。

（1）模型参数、状态。点击"模型参数"或"模型状态"，界面以表格形式显示模型的参数或初始状态，如图 5.5-2、图 5.5-3 所示。在表格中，可直接修改参数或状态值。点击"图形"，弹出图形修改窗口，以便以图形的方式修改模型状态值。该窗口分为两列，第一列为模型状态名，第二列为模型状态值。可直接在模型状态值修改窗口中调整修改相应的状态值，而后，此界面将在保持状态文件格式不变的前提下，对模型状态文件进行修改。

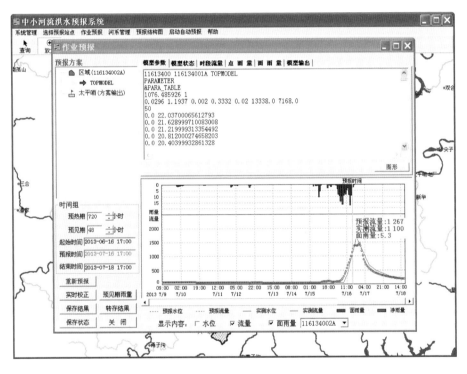

图 5.5-2　模型参数界面

对于多值的模型状态，如马斯京根河道连续演算法中河道演算初始流量，可以采用两种方式修改。第一种方式是直接在状态值修改框中修改，此值为多值状态值中的第一个状态值，修改此值后，其他状态值也随之调整，调整幅度为第一个状态值的现有值与原有值之差。第二种方式是通过标尺拉杆修改，可通过拉杆设置放大或缩小比例，则多值状态均按此比例进行放大或缩小。

（2）点雨量。点击"点雨量"，界面以表格形式显示区域输入中所用到的所有雨量站的雨量过程，如图 5.5-4 所示。在表格中，黑色部分为实测降水量，蓝色部分为未来降水量。如发现实测降水量错误或需输入未来降水量，可在表格中直接修改。

（3）时段流量。点击"时段流量"，界面以表格形式显示时段化的水位流量过程。在表

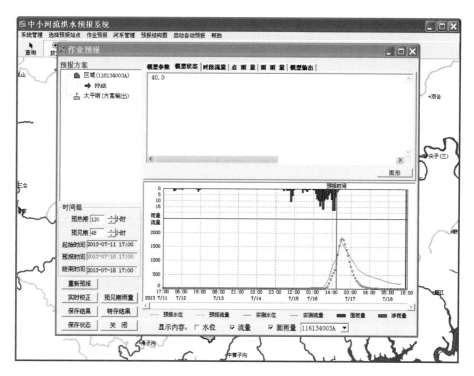

图 5.5-3　模型状态界面

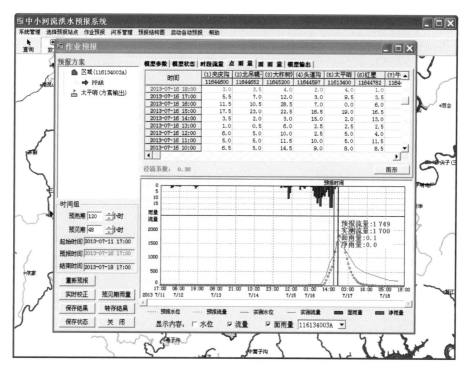

图 5.5-4　点雨量界面

格中,黑色部分为实测过程,蓝色部分为未来过程。对于实测过程,系统不提供修改功能,如发现有错误,通过其他系统进行修改;对于未来过程,可在表格中直接修改。点击"图形",弹出时段流量图形窗口,以便以图形方式显示时段流量信息,检查实时水位流量数据的正确性,分析、处理未来水位流量的输入。该界面分为三部分:第一部分为图形部分,以图形方式显示水文(位)站的水位流量过程;第二部分为表格部分,以表格形式显示某一选中的水文(位)站水位流量过程;第三部分为控制部分,用于设置显示范围、内容和进行退水处理。

(4)方案输出。点击"方案输出",界面以表格形式显示预报断面的预报过程和实测过程。在表格中,黑色部分为预报时间前的过程,蓝色部分为预报时间后的过程。点击"图形",可以图形方式显示预报过程的来水组成、预报过程和实测过程的对比。该窗口中,粗黑线为预报断面实测流量过程线,带点红线为预报断面模拟流量过程线,其他细线为各方案输入通过模型模拟至预报断面的流量过程,即对预报断面的贡献过程或来水组成。通过此界面对比预报断面的实测和模拟流量过程,找出两者误差较大之处,再分析各方案输入的贡献过程,可方便找出引起误差的方案输入,再通过其他交互界面调整,经过多次往复重新模拟计算,以提高模拟精度。

3)时间设置部分。可通过此部分修改预热期和预见期来重新设置起始时间和结束时间,但不能修改预报时间。如要修改预报时间,需弹出作业预报窗口,重新进行作业预报。一旦修改了预热期和预见期,功能部分中的"重新计算"就会变为可用状态,必须点击"重新计算"后再做其他操作。

4)功能按钮部分。功能按钮部分包括重新计算、实时校正、保存结果、预见期雨量、保存状态、转存结果、关闭等7个功能按钮。

(1)重新计算。在对模型信息部分和时间设置部分进行修改后,该功能按钮变为可用状态,点击后可进行预报方案的重新计算。

(2)实时校正。在对所有信息进行人工检查、分析后,最后可采用实时校正功能,调用实时校正模块对预报结果进行实时校正。该功能的使用最好是在误差系列是系统偏差的情况,否则会出现奇异现象。

(3)保存结果。在完成所有分析计算后,点击"保存结果",系统显示输入该预报结果名称,点击"确定"即把预报成果保存入库。

(4)预见期雨量。点击"预见期雨量"按钮即可调用预测模拟计算模块,应用未来降雨预测预估结果进行预报,以提高预报的预见期,详见预测模拟计算功能。

(5)保存状态。点击"保存状态",系统即可把各模型的初始状态保存入库。

(6)转存结果。如需以文件方式保存预报结果,点击"转存结果",系统显示输入转存文件名,点击"确定"即把预报成果转存为文件。

5)结果显示部分。该部分显示预报过程和实测过程的对比,默认显示预报方案所设定的模型输出属性。如预报方案配置了相应的水位流量关系曲线,系统会自动转换计算对应的水位(流量)。点击"水位"、"流量"或"面雨量"等复选框以显示对应的属性过程。当需要显示某一小范围时间内的信息时,可在图中按下鼠标左键移动后松开即可选中该时间范围;如需显示大范围时间内的信息,双击鼠标左键即可。

5.5.3 河系交互式预报

对河系（区域）内所有预报断面统一进行连续作业预报,保证预报进行的顺序是从上游到下游,当上游预报成果发生变化时,所有下游可能受到影响的断面都会自动重新进行预报计算。

点击"河系作业预报",系统自动对当前所选择的预报区域中预报方案进行属性检查,确保区域中的预报方案均为采用水文模型构建的方案,以及计算时段长一致。检查完成后,弹出作业预报时间设置窗口,以设置预报时间。缺省起始时间取预报时间前 30 d,结束时间取预报时间后 7 d,如图 5.5-5 所示。

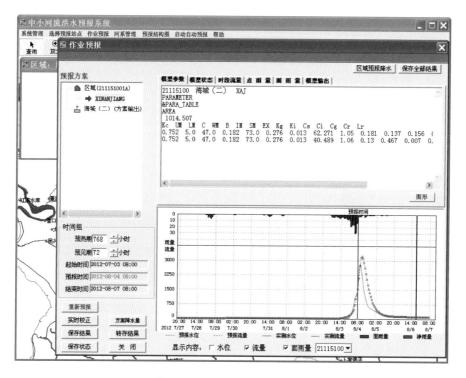

图 5.5-5 河系作业预报界面

河系作业预报窗口大体与单站作业预报窗口一致,唯一不同的是窗口上端增加了区域内各预报断面名称。选择相应预报断面名称后,窗体显示内容、操作方法均与单站作业预报窗口一致,但增加了"区域预见期雨量"和"保存全部结果"两个功能。"区域预见期雨量"功能类似于单站"预见期雨量"功能,不同之处在于前者可以处理整个区域内所有流域的未来降水量。"保存全部结果"是保存区域内所有预报断面的预报成果。

当对区域内某一预报断面进行人工交互修改后,点击"重新计算",则该预报断面下游的所有预报断面均重新计算,而预报断面上游的预报断面则不进行预报计算。

5.5.4 实时校正

实时校正功能是研制实时校正模型,根据预报结果与实时发生的水位流量过程的误差分析,对预报结果进行校正,实时校正是可以自动进行的。

5.5.5 模拟预测计算

模拟预测计算功能是将未来降雨的预测结果应用到预报中,该功能提供预测预见期雨量处理界面,如图 5.5-6 所示。

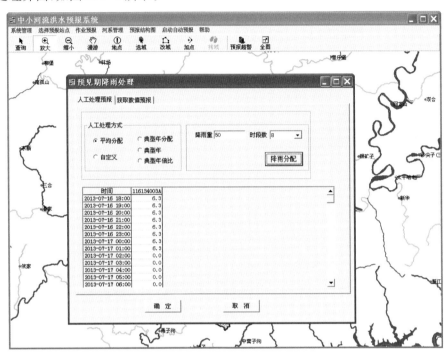

图 5.5-6 模拟未来降雨界面

在窗口中显示雨量处理方式和预报方案中所有区域输入。该窗口分为两部分。第一部分为控制部分,用于选择预见期雨量处理方式。它考虑了 5 种降雨分配方式:平均分配、自定义、典型年分配、典型年、典型年倍比。平均分配是在给定的预见期降雨情况下,按所设定的时段数平均分配降水量;自定义是任意输入每一预见期时段内降水量;典型年分配是在给定的预见期降雨情况下,选择历史典型年份,获取同预见期时段数的相同历时最大降水量过程,按此过程比例分配给定的降水量;典型年是选择历史典型年份,获取同预见期时段数的相同历时的最大降水量过程,作为预见期雨量;典型年倍比是选择历史典型年份和设置倍比系数,获取同预见期时段数相同历时的最大降水量过程,并按倍比系数进行放大,作为预见期雨量。如需获取数值预报,点击"数值预报",即可获取该区域输入范围内的数值预报过程。第二部分为表格部分,用于显示所处理完的各时段降水量,表格中所显示的时段数为预见期长度,如要更改,需在作业预报窗口中设置预见期。

5.6 预报成果优选

根据预报断面不同预报方案的预报结果,优选出用于发布的最终预报成果,如图 5.6-1 所示。

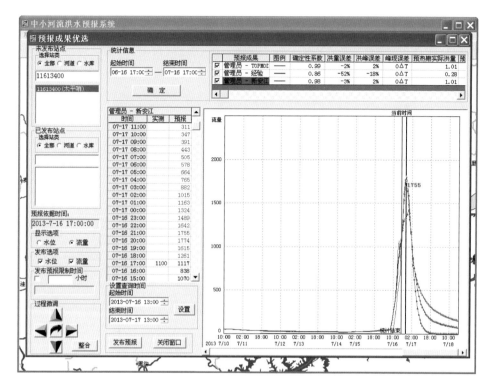

图 5.6-1　预报成果优选界面图

　　将各中间成果放在同一图形上并列展现以达到对比分析的目的,预报人员应通过图形操作或数据精确调整来完成对预报成果的粗略和精细调整,并提供最终成果发布功能。

　　预报成果优选的主要作用是在多预报员、多单位的预报成果基础上,结合专家经验,选出最优的预报成果,以供对外发布。

　　点击"预报成果优选",弹出选择预报断面窗口,选择所需优选的预报断面,点击"确定"进入预报成果优选窗口。该窗口综合显示多项预报成果,并计算优选指标,供预报员分析判断。该窗口可分为三部分:控制部分、表格部分、图形部分。

　　(1)控制部分

　　最上部为需选择的预报时间及预报要素;其右边为预报时间所对应的多项预报成果,每项成果前为复选框,中间为成果代码,后面为过程线线形标注和统计指标。根据 GB/T 22482—2008《水文情报预报规范》中误差评定要求,统计指标包括确定性系数、洪峰误差、洪量误差、峰现误差,供预报员分析、判断各项预报成果的精度。"发布预报"按钮用于把优选出的预报时间以后的预报成果保存入库,对外发布。在复选框为选中的情况下,点击预报成果的代码即可设置其为编辑状态,成果代码和线形标注均改变成红色显示;下部为"过程微调"按钮,点击四个方向按钮可使在编辑状态下的整个过程线向水平或垂直方向整体移动,每次点击水平方向的移动幅度为一个计算时段长,垂直方向为最大洪峰值的1‰。中间按钮为"恢复"按钮,即撤销所有修改,恢复原状。"整合"按钮是以预报过程和实测过程在预报时间之处的差值为幅度垂直移动预报过程,以实现预报时间以后的预报过程同实测过程平滑连接。

（2）表格部分

此部分以表格形式显示所选择的预报成果和实测过程。

（3）图形部分

该部分以图形形式显示实测过程和所有预报成果，黑线为实测过程，其他颜色为预报过程，其中红色表示为编辑状态。

5.7　预报精度评定

根据预报和实测的水位、流量过程，统计预报成果的绝对误差、平均绝对误差、相对误差、平均相对误差、最大误差、最小误差、合格率等精度指标。

预报误差统计分析是对一段时间内所正式发布的预报成果进行精度评价。点击"预报误差统计分析"，弹出设置窗口，在选择预报单位和统计时间后，点击"确定"，即可进行误差统计分析。

误差统计窗口以表格形式显示，包括预报站号、站名、方案代码、预报时间、发布时间、预报值、实测值、实际误差、允许误差、是否合格、预报类型选择等项，在表格底端给出统计结果，即合格率、合格次数、不合格次数等。

预报成果精度评定是从预报专用数据库和实时水情数据库取得指定站的预报和实测的水位、流量，统计指定站指定时段（汛期、阶段）不同预见期的绝对误差、平均绝对误差、相对误差、平均相对误差、最大误差、最小误差、合格率等精度指标。

（1）绝对误差：水文要素的预报值减去实测值为预报误差，其绝对值为绝对误差。

（2）相对误差：预报误差除以实测值为相对误差，以百分数表示。

（3）许可误差：依据预报成果的使用要求和实际预报技术水平等综合确定的误差允许范围为许可误差。由于洪水预报方法和预报要素的不同，对许可误差作如下规定：

① 洪峰预报许可误差：降雨径流预报以实测洪峰流量的 20% 作为许可误差。

② 峰现时间预报许可误差：峰现时间以预报根据时间至实测洪峰出现时间之间时距的 30% 作为许可误差，当许可误差小于 3 h 或一个计算时段长，则以 3 h 或一个计算时段长作为许可误差。

③ 径流深预报许可误差：径流深预报以实测值的 20% 作为许可误差。

（4）合格率：合格预报次数与预报总次数之比的百分数为合格率。

参考文献

［1］李健，张建云，郭方. 多输入单输出模型及其在黄河和西江洪水预报中的应用[J]. 水文，1998(S1)：14-19.

［2］刘金平，张建云. 交互式洪水预报系统及关键技术研究[J]. 水文，2004(1)：4-9.

［3］杨扬，张建云，戚建国，等. 防汛抗旱水文气象综合业务系统的开发与应用[J]. 中国水利，2004(22)：55-57.

［4］张建云，王光生，张建新，等. Web 洪水预报调度系统开发及应用[J]. 水利水电技术，2005(2)：67-70.

［5］张建云. 信息技术在防汛抗旱工作中应用的几点思考[J]. 中国防汛抗旱，2017,27(3)：1-3＋10.

［6］张建云，轩云卿，李健. 水文情报预报系统开发中的若干问题探讨[J]. 河海大学学报（自然科学版），2000(1)：88-92.

［7］张建云，张瑞芳，朱传保，等. 水文预报及信息显示系统开发研究[J]. 水科学进展，1996(3)：214-220.

［8］张建云. 中国水文预报技术发展的回顾与思考[J]. 水科学进展，2010,21(4)：435-443.

第六章

洪水预警预报技术在广西西江流域的应用

6.1　流域概况

6.1.1　自然地理

广西壮族自治区位于中国华南地区,地理坐标范围为东经 104°28′～112°04′,北纬 20°54′～26°24′,中部被北回归线穿越。广西西南接壤越南,国境线全长约800 km,南临北部湾,海岸线长约 1 500 km,行政区域土地面积为 23.76 万 km²,管辖北部湾海域面积约 4 万 km²。

广西地势西北高、东南低,属中国地势第二台阶中的云贵高原东南边缘,山岭众多,四周多为山地、高原,中部、南部为丘陵平地,呈盆地状,有"广西盆地"之称。地貌以山地丘陵性盆地为主,境内大量喀斯特地貌发育,并集中连片分布在桂西南、桂西北、桂中和桂东北。广西的喀斯特地貌发育类型很多,其总面积占整个区域的37.8%。

广西境内河流多随地势由西北流向东南,主要分布以红水河 — 西江为主干流的横贯中部以及两侧支流的树枝状水系。境内河流总长约3.4 万 km,集水面积在 1 000 km² 以上的地表河有 69 条,占总面积的3.4%;集水面积在 50 km² 以上的河流有 986 条。河网密度为 144 m/km²,喀斯特地下河有 433 条,其中有 248 条地下暗河长度超过 10 km。境内河流分属珠江、长江、桂南独流入海、百都河四大水系。

6.1.2　气候气象

广西纬度较低,属亚热带季风气候区。气候温暖,雨水丰沛,光照充足。夏季日照时间长、气温高、降水多,冬季日照时间短、天气干暖,各地年日照时数为 1 213.0～2 135.2 h,年平均气温为17.5～23.5 ℃。受西南暖湿气流和北方变性冷气团的交替影响,干旱、暴雨、热带气旋、大风、雷暴、冰雹、低温冷(冻)害气象灾害较为常见。

广西区域内年平均降水量为841.2～3 387.5 mm,百色、河池以及崇左大部,三江、柳城、忻城、隆安、武鸣等地降水量在 1 500 mm 以下,其余地区在 1 500 mm 以上,最少的田林仅为841.2 mm,最多的防城港市为 3 387.5 mm。全区多年平均年降水量为 1 694.8 mm。广西河流以雨水补给类型为主,受降水时空分布不均的影响,径流深与径流量在地域分布上呈自东南向西北逐渐减少之势。

6.1.3　水文特征

广西地处我国南部低纬度的亚热带华南季风气候区,地域广阔,受副热带高压、西风带环流、东南季风和西南季风等环流体系的复合影响,广西的气候系统极不稳定,降水分配不均,年际变率大。活跃的地貌条件加上集中的强降雨(暴雨)极易形成喀斯特地貌。喀斯特地貌带来的主要问题是地表流域分水岭与地下分水岭不一致,流域的水量不平衡,观测资料少,给水文预报带来巨大的困难。根据多年资料统计分析,广西暴雨呈现如下特征:广西年降水量丰富,各地多年平均年降水量为 1 100～2 800 mm,有桂南、桂北、桂东 3 个多雨区。桂南多雨区内的长歧站最大年降水量达5 006 mm(1990 年),年降水量的地域差异大,且时空分布极不均匀,全年降水量的 70%～80% 集中在汛期。短历时暴雨是广西中小河流洪水发生的重要原因,全区最大 24 h 点暴雨均值的变化趋势是从西部向桂北、桂南、桂东南部递增,形成 3 个高值区和 3 个低值区。3 个高值区是桂北桂东北的元宝山 — 九万大山及越城岭 — 天平山脉的迎风坡高区、大瑶山高区、桂南沿海十万大山迎风坡高区,最大 24 h 点暴雨均值为 $130 \sim 180$ mm。

6.1.4 降雨及洪水年内分布特性

西江流域受海洋暖湿气流和北方变性冷气团的交替影响,形成流域降雨的主要天气系统有北回归线以北,即红水河、柳江、桂江一带,以锋面西南低压、涡切变为主;北回归线以南,即郁江一带,以热带气旋为主。

广西暴雨多发生在 5—8 月,各地 2—4 月、9—10 月虽然也有暴雨出现,但强度和频次远不及 5—8 月份暴雨。因此,该地区洪水也主要集中在 5—8 月,该期洪水量占全年洪水的 85% 以上。广西地区多山区丘陵,地面高程变化大,地形地貌变化复杂,各地气候变化亦较为明显。尽管中小河流集水面积小,但由于河流坡降大、流程短,降雨产流迅速,降雨到产流的时间一般只有 $2 \sim 5$ h,产流到出现洪峰的时间也只有 $8 \sim 14$ h,其洪水特征是陡涨陡落,洪峰模数大,最大洪峰模数达到 21.6 m³/(s·km²)。

(1)暴雨日数的地理分布特征

将日降水量 ≥ 50 mm 称为暴雨日。广西各地多年平均逐月暴雨日数为 $3 \sim 15$ d,其中沿海地区 $6 \sim 15$ d;桂林市中部,河池市南部及融安县、融水苗族自治县(以下简称"融水县")、昭平县、马山县、桂平市、凌云县等地 $6 \sim 8$ d;其余各地不到 6 d。

全区各地日降水量为 $50 \sim 100$ mm 的年平均暴雨日数一般为 $1 \sim 7$ d,个别年份 $10 \sim 13$ d;日降水量在 100 mm 以上的年平均暴雨日数一般为 $2 \sim 5$ d,个别年份最多的暴雨日数达 10 d(防城区那勤站)。在地域分布上,桂北的元宝山 — 猫儿山一带为 $3 \sim 7$ d;桂中、桂东金秀、蒙山、钟山一带为 $3 \sim 4$ d;桂南防城一带 $5 \sim 10$ d,暴雨日数最少的地区是桂西的南丹县、西林县和桂南的邕宁区,崇左市扶绥县、宁明县一带,为 $1 \sim 2$ d。

(2)暴雨的时间分布特征

广西一年四季均有暴雨出现,但以夏季风盛行期间(4—9 月)较为集中,4—9 月暴雨总站次占全年暴雨总站次的 90% 左右。全区暴雨总站次即 4 月初 — 5 月渐盛,6、7 月达最大值,9—12 月逐月减少。

广西各地暴雨日数的月均值分布与全区平均情况不尽相同,多数地区属单峰型分布,其中桂东大部分峰值在 5 月或 6 月,桂西北大部分峰值在 6 月,桂西南大部及沿海峰值在 7 月或 8 月;局部地区如百色市南部山区、玉林市大部及忻城县、凭祥市、隆安县、平乐县、藤县等地属双峰型分布,除了德保县高峰月出现在 8 月,次高峰月出现在 6 月,其余各地 5 月或 6 月为高峰月,8 月为次高峰月。

在出现暴雨的时段,降水量的日内变化在广西北部和南部较为明显,表现为雨峰大多出现在 0:00—8:00,8:00—14:00 出现的机会最少。以 2011 年的暴雨天数为例,全区暴雨天数分布如图 6.1-1 所示。

(3)暴雨的强度及范围

广西地处低纬度地区,具有西北高东南低的地势分布特征,南部濒临海洋,易受台风等热带天气系统影响,常有强降水发生,山洪灾害的空间分布几乎和降水量的分布是一

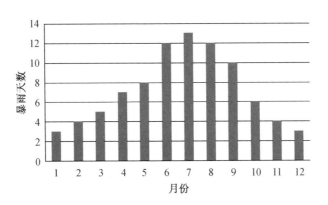

图 6.1-1 2011 年广西暴雨天数分布图

致的。

广西暴雨可分为局部暴雨、地区性暴雨和全区大范围暴雨,其中以局部暴雨、地区性暴雨居多。全区大范围暴雨虽然出现的频率较小,但影响很大,往往造成严重洪涝灾害。

广西全区暴雨强度不一,全区平均最大 1 d 降水量为 270 mm,各地历年最大 1 d 降水量为 147.1～884.5 mm(1960 年 7 月 11 日那余站),其中桂东 152～306 mm,平均 211 mm;桂西 133～442 mm,平均 218 mm;桂南 166～640 mm,平均 350 mm;桂北 130～700 mm,平均 300 mm;桂中 150～300 mm,平均 250 mm。沿海地区大部、桂林市中部、柳州市北部、玉林市南部、贵港市东部、河池市西南部及梧州市、来宾市、凌云县、田林县、马山县、宾阳县、横县等地最大 1 d 降水量在 250 mm 以上,个别地方如永福县、东兴市、灵山县、北海市等为 400.0～884.5 mm。

广西暴雨持续时间为 1 d 的频率占暴雨出现总数的 91%,连续 2 d 出现暴雨的频率是 8%。各地历年最长连续暴雨日数为 2～8 d,有 70% 的县市出现过连续 3 d 的暴雨,17% 的县市出现过连续 4 d 的暴雨,连续 5 d 的暴雨只在永福、都安、融水、再老、钦州、灵山、防城港、东兴等地出现过,再老、东兴最长连续暴雨日数为 8 d,分别为 1988 年 8 月 24—31 日和 1994 年 7 月 14—21 日,是广西连续暴雨日数的最高记录。

6.1.5 近年来典型暴雨洪水

(1)"2014·7"马山县山洪。2014 年 7 月 4 日 23 时到 5 日 11 时,马山县姑娘江(县城以上集水面积为 187 km²)遭受强降雨袭击,马山县城所在的白山镇降水量达到 363.8 mm,洪水于 5 日 1 时起涨,至 9 时出现洪峰(根据水文应急监测队现场监测和洪水调查成果分析,流量约为 500 m³/s),洪水总量为 1 330 万 m³,造成姑娘江发生严重洪水,洪水造成马山县城的新兴街、金伦大道、江滨路、农贸市场、江滨小区等多地被淹,尤其是姑娘江两岸受淹最为严重,东西两岸一度被洪水完全隔绝,最深处达 1.5 m,造成严重经济损失。如图 6.1-2 所示。

(2)"2015·5"大明山暴雨洪水。2015 年 5 月 23 日凌晨 2 时 30 分至 6 时,一场暴雨突如其来,最大 1 h 降水量为 70.0 mm,最大 3 h 累积降水量为 130.5 mm,引发大明山小溪(集水面积为 44.1 km²)洪水暴涨,县城市场、部分街道及县医院被大水淹没,造成 1 辆小车被水卷走,1 名人员死亡。如图 6.1-3 所示。

图 6.1-2 "2014·7"山洪期马山县姑娘江山洪漫出河岸淹没街道

图 6.1-3 "2015·5"洪水期山洪冲入上林县城

（3）"2017·7"全州县特大洪灾。2017年6月30日至7月1日,全州县普降大到暴雨,局地特大暴雨,龙水镇最大 24 h 降水量达 332.0 mm,强降雨导致全州县境内多条河流超警。万乡河龙水水文站水位从 7 月 1 日 5 时 35 分的 163.91 m 快速上涨全 15 时 45 分的洪峰水位 167.94 m,重现期超 50 年一遇;洪峰经过县城时,超警戒水位 2.80 m,为 1958 年有水文记录以来最高水位。当地水文部门提前发布洪水红色预警。据不完全统计,全州县合计成功解救被困群众3 000余人,转移37 850人。如图6.1-4所示。

图6.1-4　"2017·7"洪水期洪水围困全州县城

(4)"2019·6"桂北暴雨洪水。2019年6月上旬,受强对流天气影响,桂北出现持续强降雨天气,多条中小河流发生特大洪水。其中全州县万乡河出现自1958年建站以来最大洪水,万乡河龙水水文站于6月9日8时55分出现168.21 m的洪峰水位(比2017年洪水位高0.27 m),超警2.71 m,相应流量为1 530 m³/s,为超百年一遇特大洪水。南丹县南丹河出现自1959年建站以来第二大洪水,南丹河罗富水文站于6月7日0时45分出现244.35 m的洪峰水位,超警戒水位2.85 m,为接近50年一遇大洪水。龙胜县六漫河出现超历史调查值特大洪水,六漫河三门水文站于6月9日12时出现215.00 m的洪峰水位,超警戒水位5.40 m,为超50年一遇特大洪水。

在全球气候变化和人类活动的影响下,近些年中小流域洪水呈现以下特点:一是强暴雨呈现多发、频发的趋势;二是下垫面的变化导致河湖联通性差,洪涝灾害呈现易发态势;三是城市洪涝问题越来越突出;四是过去几十年间,我国水文监测系统建设的重点是大江大河的监测,中小河流站点少,虽然在中小河流综合治理中,建设了部分监测站,但资料系列短,难以用于水文模型的参数率定,中小河流的洪水预报还存在突出问题。

6.2　监测预警及信息应用

西江流域梧州水文站以上集水面积约为32万km²,在建立西江流域水文监测预警应用水文模型时,研究区域需要离散化为若干计算单元。本书按西江流域天然子流域对研究区域进行空间离散化剖分。西江流域梧州水文站以上子流域划分如图6.2-1所示,其空间拓扑关系如图6.2-2所示。

模型框架构建总体描述如下:

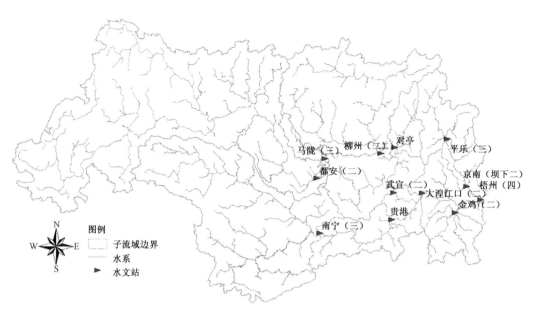

图 6.2-1　梧州水文站以上流域边界示意图

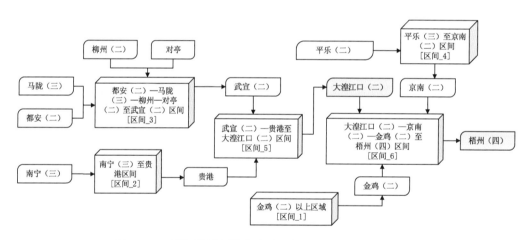

图 6.2-2　西江流域梧州水文站以上子流域空间拓扑关系图

（1）对南宁（三）、都安（二）、马陇（三）、柳州、对亭（二）、平乐（三）6 站以上集水区域不做产汇流分析计算，采用实测流量过程各自演算至下游控制水文站处，与区间流量过程叠加后再继续往下游演算。

（2）对金鸡（二）以上区域、南宁（三）至贵港区间、都安（二）—马陇（三）—柳州—对亭（二）至武宣（二）区间、平乐（三）至京南（二）区间、武宣（二）—贵港至大湟江口（二）区间、大湟江口（二）—京南（二）—金鸡（二）至梧州（四）区间分别进行产汇流分析计算，并与上游来水过程进行叠加。6 个区间产汇流计算采用三水源新安江模型进行计算。

（3）在子流域汇流叠加计算中，目前有两类汇流演算方法：①"先演后合"法，即将各子流域的径流过程直接演算到流域出口断面处叠加形成流域总径流；②"边演边合"法，是指依照汇流演算次序，将上游子流域的径流过程逐个演算至下游控制站进行叠加，再将叠加后的径流过程继续演算至下一控制站处进行叠加,直至演算到流域出口断面。"先演后合"法运算量较小,但不能演算出流域内各水文站断面的流量过程。"边演边合"法的优点是通过一次计算即能提取流域内任一水文站断面处的来水过程,但对于集水面积较大的栅格水系,若进行长时间序列的径流过程演算,计算量较大。本研究采用"边演边合"法进行汇流计算,即南宁(三)实测流量过程演算至贵港,叠加区间 _2 产汇流计算成果后作为贵港流量过程;都安(二)、马陇(三)、柳州、对亭(二)实测流量过程分别演算至武宣(二),叠加区间 _3 产汇流计算成果后作为武宣(二)流量过程;贵港、武宣(二)流量过程演算至大湟江口(二),叠加区间 _5 产汇流计算成果后作为大湟江口(二)流量过程;区间 _1 产汇流计算成果作为金鸡(二)流量过程;平乐(三)实测流量过程演算至京南(坝下二),叠加区间 _4 产汇流计算成果作为京南(坝下二)流量过程;金鸡(二)、大湟江口(二)、京南(坝下二)流量过程演算至梧州(四),叠加区间 _6 产汇流计算成果后作为梧州(四)流量过程。

本书采用三水源新安江模型和马斯京根法构建松散耦合的分布式新安江模型,采用新安江模型对子流域和计算区间进行分布式降雨径流模拟,采用马斯京根法进行河道洪水演算,建立"演 — 合 — 演"的预报方案架构。

6.2.1　水文资料

本书收集到了 1994 年、1998 年、2005—2014 年共 12 年内的 20 个水文站的日平均流量资料和洪水水位要素摘录资料,252 个雨量站的日平均降水量资料,24 个蒸发站的日平均蒸发量资料。资料以 Access、SQL Server 等数据库存储管理。

在水文数据处理过程中,剔除了原数据中空值及错误之处,形成标准的水文时间序列,并对相关数据进行插值,获取了 1 h 时段长的降水量数据,以及连续的整时刻流量系列,为日模型及场次模型的计算打下了良好的资料基础。

6.2.2　模型参数的率定

模型参数率定采用经验试算和自动优化相结合的方法,即在人工试算的基础上逐步缩小参数的变化空间,再采用遗传算法在较小的空间内搜索寻优。模型的区间河网汇流采用滞后演算法,新安江模型共有 16 个参数。其中各分区所用的新安江模型参数、各水文站河道汇流马斯京根参数如表 6.2-1 ~ 表 6.2-3 所示。

表 6.2-1　梧州站以上流域新安江日模型蒸发及产流部分参数表

区间名称	IM	WUM	WLM	WM	B	KC	C	SM	EX	KI	KG
区间 _1	0.01	25	85	130	0.3	0.95	0.3	45	1.5	0.23	0.40
区间 _2	0.01	25	85	130	0.3	0.95	0.3	45	1.5	0.25	0.45
区间 _3	0.01	25	85	130	0.3	0.95	0.3	45	1.5	0.25	0.45
区间 _4	0.01	25	85	130	0.3	0.95	0.3	42	1.5	0.25	0.45
区间 _5	0.01	25	85	130	0.3	0.95	0.3	40	1.5	0.35	0.35
区间 _6	0.01	25	85	130	0.3	0.95	0.3	45	1.5	0.25	0.45

表 6.2-2　梧州站以上流域新安江日模型汇流部分参数表

区间名称	CS	CI	CG	CR	L
区间_1	0.10	0.95	0.99	0.51	0
区间_2	0.45	0.90	0.98	0.50	0
区间_3	0.70	0.80	0.95	0.50	0
区间_4	0.16	0.76	0.91	0.60	0
区间_5	0.70	0.85	0.95	0.50	0
区间_6	0.60	0.90	0.95	0.50	0

表 6.2-3　梧州站以上流域日模型河道汇流马斯京根参数表

参数	南宁(三)	都安(二)	马陇(三)	柳州(二)	对亭	贵港	武宣(二)	平乐(三)	金鸡(二)	大湟江口(二)	京南(坝下二)
KE	24	24	24	24	24	24	24	24	24	22	21
XE	0.35	0.35	0.25	0.30	0.30	0.30	0.30	0.35	0.35	0.25	0.35

日模型部分滞后演算法的参数滞时 L 均取为 0,由于日模型中流量变化较为平缓,流量滞后性不明显,可以忽略滞后时间。马斯京根汇流参数 KE 在日模型中理论上应取为 24,但根据实际情况其取值也可以在 24 上下浮动。场次模型的参数整体上与日模型接近,其中土壤水容量的参数 WUM、WLM、WM 保持不变,自由水蓄水容量 SM 略有增大,其他敏感参数只做少许调整。由于场次模型采用的时间序列时段为 1 h,所以场次模型中 KE 应取为 1 或与 1 接近的值。场次模型参数具体情况如表 6.2-4 ～ 表 6.2-6 所示。

表 6.2-4　梧州站以上流域新安江场次模型蒸发及产流部分参数表

区间名称	IM	WUM	WLM	WM	B	KC	C	SM	EX	KI	KG
区间_1	0.01	25	85	130	0.3	0.95	0.3	50	1.5	0.25	0.40
区间_2	0.01	25	85	130	0.3	0.95	0.3	45	1.5	0.21	0.49
区间_3	0.01	25	85	130	0.3	0.95	0.3	45	1.5	0.30	0.41
区间_4	0.01	25	85	130	0.3	0.95	0.3	48	1.5	0.22	0.47
区间_5	0.01	25	85	130	0.3	0.95	0.3	43	1.5	0.30	0.38
区间_6	0.01	25	85	130	0.3	0.95	0.3	52	1.5	0.25	0.45

表 6.2-5　梧州站以上流域新安江场次模型汇流部分参数表

区间名称	CS	CI	CG	CR	L
区间_1	0.15	0.85	0.95	0.51	3
区间_2	0.35	0.85	0.95	0.50	2
区间_3	0.70	0.80	0.95	0.50	2
区间_4	0.28	0.75	0.90	0.60	3
区间_5	0.75	0.85	0.95	0.30	3
区间_6	0.65	0.90	0.95	0.50	2

表 6.2-6 梧州站以上流域场次模型河道汇流马斯京根参数表

参数	南宁（三）	都安（二）	马陇（三）	柳州（二）	对亭	贵港	武宣（二）	平乐（三）	金鸡（二）	大湟江口（二）	京南（坝下二）
KE	1.2	1	1	1	1	1	1	1	1	0.9	0.9
XE	0.32	0.32	0.28	0.31	0.33	0.35	0.35	0.31	0.32	0.22	0.31

6.2.3 模拟及预报结果分析

（1）日模型分析

日模型计算中以 2005—2012 年连续 8 年为率定期，以 2013 年和 2014 年作为检验（预报）期进行日模型的模拟。其中，率定期的模拟结果如图 6.2-3 ~ 图 6.2-10 所示，检验期的模拟结果如图 6.2-11 和图 6.2-12 所示。

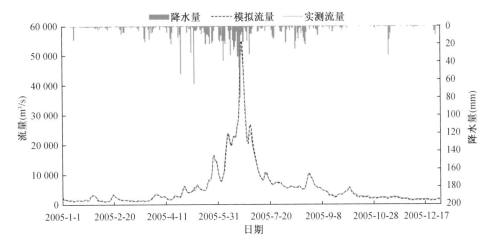

图 6.2-3 梧州站 2005 年模拟、实测日流量过程对比图

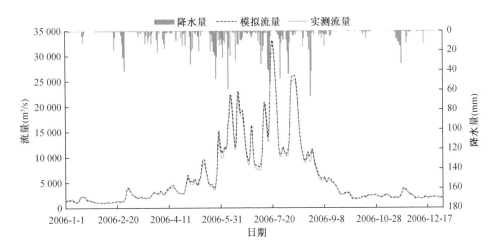

图 6.2-4 梧州站 2006 年模拟、实测日流量过程对比图

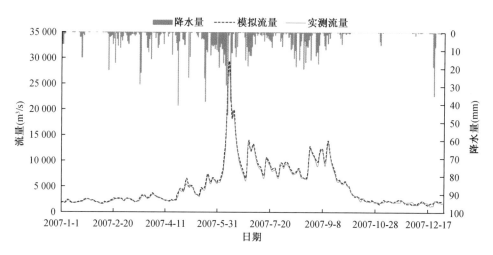

图 6.2-5　梧州站 2007 年模拟、实测日流量过程对比图

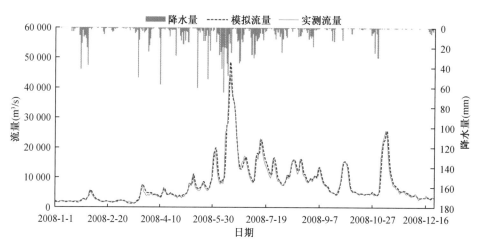

图 6.2-6　梧州站 2008 年模拟、实测日流量过程对比图

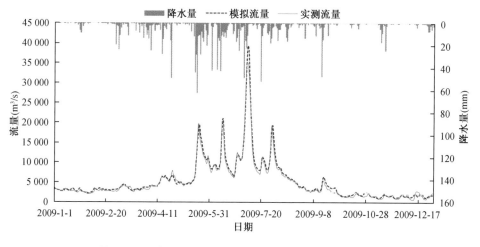

图 6.2-7　梧州站 2009 年模拟、实测日流量过程对比图

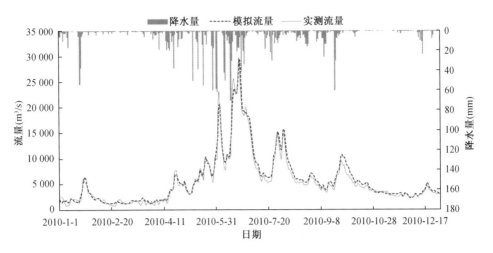

图 6.2-8　梧州站 2010 年模拟、实测日流量过程对比图

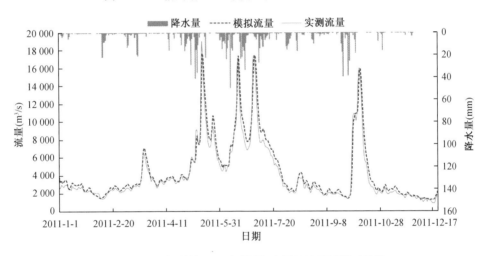

图 6.2-9　梧州站 2011 年模拟、实测日流量过程对比图

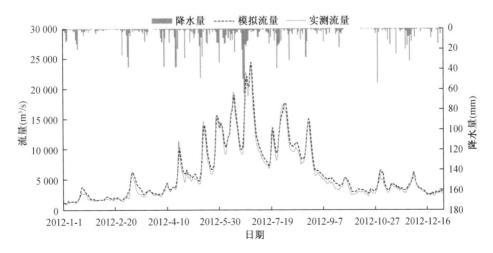

图 6.2-10　梧州站 2012 年模拟、实测日流量过程对比图

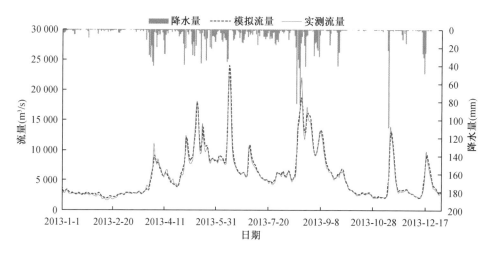

图 6.2-11 梧州站 2013 年模拟、实测日流量过程对比图

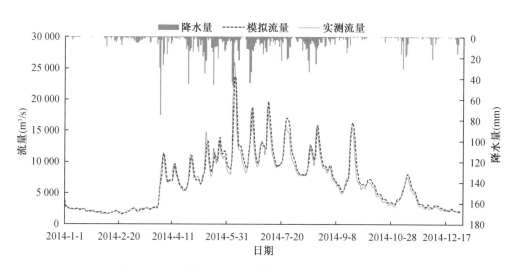

图 6.2-12 梧州站 2014 年模拟、实测日流量过程对比图

在日模型中,无论是率定期还是检验期,流量模拟过程与实测过程符合得都比较好,洪峰流量及峰现时间亦符合得很好,洪量误差较小。模拟结果及模拟精度如表 6.2-7 所示。

表 6.2-7 梧州站以上流域日模型模拟结果及精度统计表

时期	年份	实测径流深(mm)	模拟径流深(mm)	径流深相对误差(%)	确定性系数
率定期	2005	557	551	-1.08	0.979 8
	2006	573	591	3.14	0.973 4
	2007	489	511	4.50	0.980 7
	2008	751	772	2.80	0.981 5
	2009	494	524	6.07	0.950 7

时期	年份	实测径流深(mm)	模拟径流深(mm)	径流深相对误差(%)	确定性系数
率定期	2010	530	564	6.42	0.956 0
	2011	397	429	8.06	0.952 2
检验期	2013	569	603	8.83	0.957 0
	2014	640	662	3.44	0.964 4

由表6.2-7可知,率定期和检验期径流深相对误差绝对值都在10%以内,大部分小于5%,确定性系数都在0.9以上,说明日模型取得了较好的模拟效果。这也为下一步进行场次模型的模拟打下了良好的基础。

（2）场次模型分析

本研究选取了梧州站2005—2014年的12场洪水过程参与场次模型模拟,其中9次作为率定场次,3次作为检验（预报）场次。场次洪水具体情况如表6.2-8所示。

表6.2-8　梧州站场次洪水信息表

洪号	开始时间	结束时间	峰现时间	洪峰流量(m³/s)
20050622	2005-6-3 4:00	2005-7-13 14:00	2005-6-22 15:00	53 700
20060719	2006-7-7 14:00	2006-7-27 20:00	2006-7-19 17:00	32 400
20060810	2006-8-3 14:00	2006-8-20 14:00	2006-8-10 8:00	25 500
20070611	2007-5-31 8:00	2007-6-28 0:00	2007-6-11 2:00	28 800
20080615	2008-6-9 17:00	2008-7-8 6:00	2008-6-15 0:00	46 000
20080714	2008-7-8 10:00	2008-7-24 20:00	2008-7-14 10:00	23 100
20090706	2009-6-24 8:00	2009-7-18 22:00	2009-7-6 20:00	36 000
20100622	2010-6-9 8:00	2010-7-8 11:00	2010-6-22 11:00	30 000
20110703	2011-6-27 14:00	2011-7-8 8:00	2011-7-3 0:00	18 000
20120630	2012-6-21 16:00	2012-7-9 8:00	2012-6-30 2:00	24 300
20130611	2013-6-9 14:00	2013-6-14 6:00	2013-6-11 20:00	22 800
20140607	2014-6-5 0:00	2014-6-18 14:00	2014-6-7 10:00	26 200

梧州站洪水特点为峰高量大,一次洪水的涨落过程历时较长,一般为十几天,有时甚至月余。这使得场次洪水模拟难度较大,有一定的峰现时差。计算步长为1 h,具有代表性的几场大洪水模拟结果如图6.2-13～图6.2-17所示。

如图6.2-13～图6.2-17所示,梧州站洪水量级较大,所选场次洪水的起涨点及回落点的流量均在5 000 m³/s以上,洪水历时均在20 d以上。各场次的模拟流量过程与实测流量过程涨落趋势比较一致,模拟效果较好。各场次洪水的模拟结果和模拟精度如表6.2-9所示。

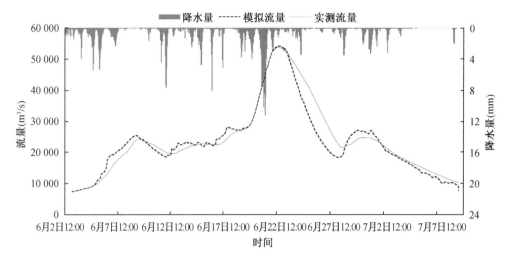

图 6.2-13　梧州站 20050622 号洪水模拟、实测流量过程对比图

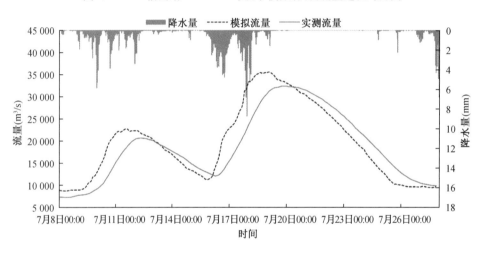

图 6.2-14　梧州站 20060719 号洪水模拟、实测流量过程对比图

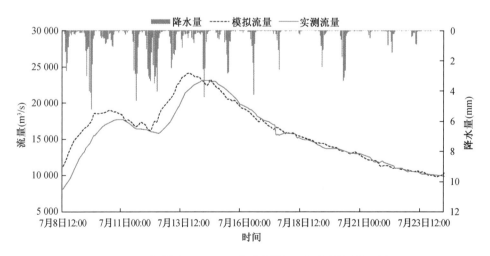

图 6.2-15　梧州站 20080714 号洪水模拟、实测流量过程对比图

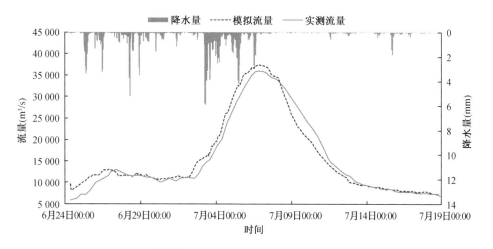

图 6.2-16　梧州站 20090706 号洪水模拟、实测流量过程对比图

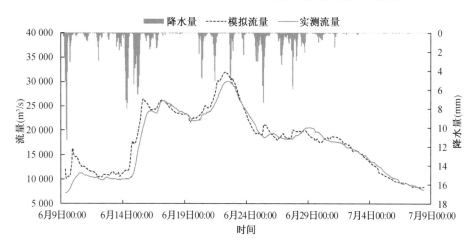

图 6.2-17　梧州站 20100622 号洪水模拟、实测流量过程对比图

表 6.2-9　梧州站各场次洪水模拟结果及模拟精度统计表

类别	洪号	实测径流深（mm）	模拟径流深（mm）	径流深相对误差（%）	实测洪峰流量（m³/s）	模拟洪峰流量（m³/s）	洪峰相对误差（%）	峰现时差（h）	确定性系数
率定场次	20060810	80.0	83.0	3.75	25 500	26 435	3.67	5.00	0.805 3
	20070611	94.0	99.0	5.23	28 800	31 816	10.47	6.00	0.861 6
	20080615	163.0	158.0	−3.07	46 000	47 383	3.01	9.00	0.912 5
	20080714	68.0	71.0	4.41	23 100	24 089	4.28	13.00	0.861 0
	20090706	106.0	108.0	1.89	36 000	37 473	4.09	1.00	0.917 4
	20100622	135.0	140.0	3.70	30 000	31 932	6.44	4.00	0.634 3
	20110703	33.0	37.0	12.12	18 000	18 128	0.71	2.00	0.751 9
	20120630	76.0	82.0	7.89	24 300	25 721	5.85	8.00	0.790 2
	20130611	22.0	19.0	−13.64	22 800	22 134	−2.92	7.00	0.431 7

（续表）

类别	洪号	实测径流深（mm）	模拟径流深（mm）	径流深相对误差（%）	实测洪峰流量（m³/s）	模拟洪峰流量（m³/s）	洪峰相对误差（%）	峰现时差（h）	确定性系数
检验场次	20140607	51.0	55.0	7.84	26 200	26 711	1.95	4.00	0.739 9
	20050622	243.0	234.0	−3.70	53 700	59 430	10.67	10.00	0.781 4
	20060719	101.0	105.0	3.96	32 400	35 620	9.94	15.00	0.781 5

6.3 中小河流预警预报及应用

与本书前述章节一致，仍选取西江流域内相同 42 个典型中小河流开展预报预警的应用研究。

6.3.1 基于回归分析参数移植方法的预报预警

利用回归分析法计算的模型参数与直接率定计算的模型参数对比结果见图 6.3-1 和

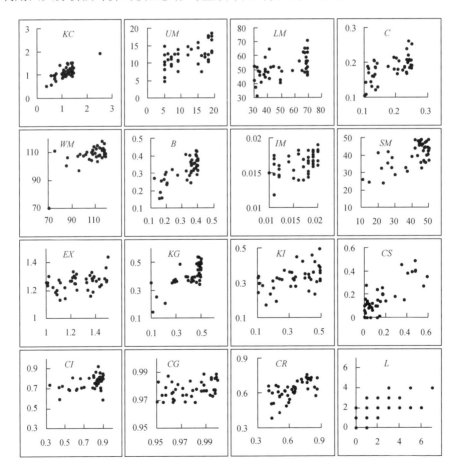

图 6.3-1 回归分析法与直接率定计算的模型参数对比

图 6.3-2。从相关关系来看，KC、B、KG、CS 的相关系数较高，超过了 0.7，其他参数的相关系数小于 0.7。从回归分析法移植参数的误差来看，参数 KC、WM、IM、EX、CG 等的相对误差较小，而参数 UM、KI、CS、L 等的相对误差较大。

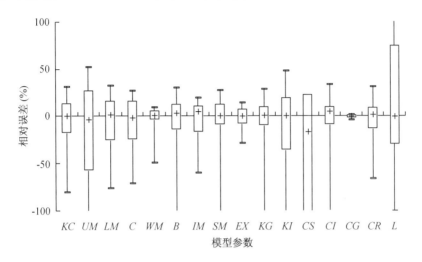

图 6.3-2　回归分析法计算的模型参数误差统计特征

基于新安江模型，利用回归分析法移植的模型参数模拟 42 个典型流域的洪水过程。42 个典型流域在率定期和检验期的洪水过程模拟结果见表 6.3-1 和图 6.3-3。

表 6.3-1　回归分析法参数移植广西典型流域洪水过程模拟结果

站名	率定期		检验期	
	确定性系数	合格率(%)	确定性系数	合格率(%)
长歧	0.451	7.143	0.487	50
黄屋屯	0.247	15.385	0.060	0
陆屋	0.586	0	0.390	0
坡朗坪	0.804	63.636	0.866	100
合江	0.770	53.846	0.829	0
横江(二)	−0.04	15.385	0.060	0
富阳	−0.567	0	−0.696	0
富罗(二)	0.739	53.846	0.759	50
劳村	0.537	16.667	0.310	0
双和	0.685	7.692	0.641	0
荔浦	0.459	50	−0.682	0
潮田	0.827	61.538	0.705	0
桂林(三)	0.586	50	0.610	0

（续表）

站名	率定期		检验期	
	确定性系数	合格率（%）	确定性系数	合格率（%）
大江口	−0.087	7.692	0.192	0
镇龙	0.577	0	0.630	0
英竹	0.002	35.714	0.702	50
荣华	0.258	36.364	0.733	50
那坡	0.300	41.667	−0.076	0
大新	0.768	41.667	0.942	100
河步（二）	−0.108	0	0.715	0
岑溪	−0.247	0	0.333	0
北流	−0.017	14.286	0.244	0
水晏	−0.861	0	−0.570	0
大化	0.715	46.154	0.586	0
南义	0.165	0	0.333	0
中里	−0.361	0	−0.350	0
中平	0.732	25	0.916	100
四排	−0.982	0	−0.208	0
两江（二）	0.525	50	0.562	0
安马	0.722	14.286	0.823	0
天河	0.541	15.385	0.734	0
小长安（二）	−0.321	7.692	−1.182	0
勾滩（二）	0.738	33.333	0.845	100
富乐	0.748	50	0.545	50
上林（二）	0.178	0	−0.266	0
内联	−3.520	8.333	0.396	50
河口	0.094	0	0.355	0
凤梧	0.245	41.667	0.648	50
百林	0.341	30.769	0.268	50
绿兰	−1.679	14.286	−1.672	50
罗富	0.271	23.077	0.467	0
隆林	−3.789	0	−3.222	0

从表6.3-1可以看出,基于回归分析的参数移植方法对广西42个典型流域洪水径流过程具有较好的模拟效果,率定期确定性系数最大的为潮田流域的0.827。在率定期和检验期,确定性系数大于等于0.8的流域个数分别为2个和6个;确定性系数大于等于0.7小于0.8的流域个数分别为8个和6个;确定性系数大于等于0.6小于0.7的流域个数分别为1个和4个;确定性系数小于0.6的流域个数分别为31个和26个(图6.3-3)。相关典型流域的径流模拟过程见图6.3-4。

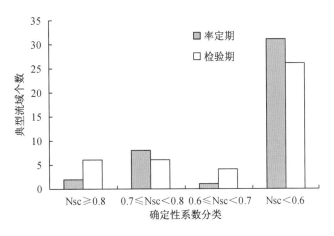

图6.3-3 回归分析法参数移植广西典型流域洪水过程模拟确定性系数分类

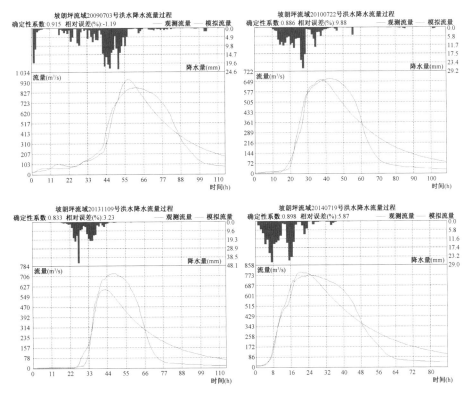

（a）坡朗坪

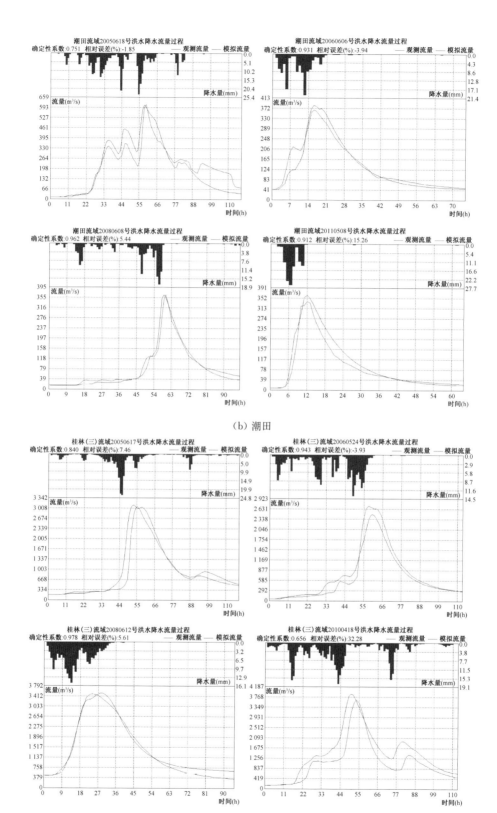

（b）潮田

（c）桂林（三）

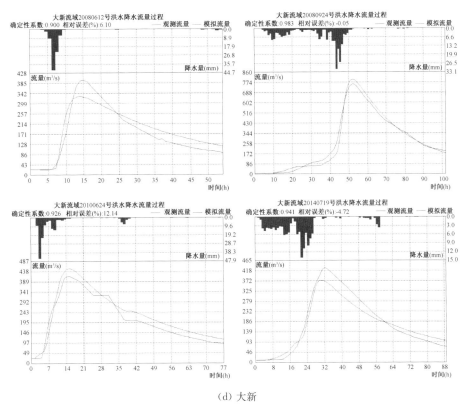

（d）大新

图6.3-4 基于回归分析法的广西典型流域洪水径流模拟过程

6.3.2 基于相似流域参数移植方法的预报预警

基于聚类分析方法的广西42个典型流域的相似流域识别结果见图6.3-5。

从图6.3-5中可以看出，42个典型流域共分成17类。有些类的相似流域个数较多，有些类的相似流域个数较少，最多的为8个，最少的仅有1个。在分组中，相似流域个数较多时，利用其他相似流域模型参数的平均值来计算目标流域的模型参数。如果分组中只有一个相似流域，基于更高一级的相似流域识别结果，利用其他相似流域模型参数的平均值来计算目标流域的模型参数。

利用相似流域法计算的模型参数与直接率定计算的模型参数对比结果见图6.3-6和图6.3-7。从相关关系来看，模型参数的相关系数都较小。从相似流域法移植参数的误差来看，相对而言参数 KC、WM、IM、SM、EX、KG、CG 等的相对误差较小，而参数 UM、LM、KI、CS、L 等的相对误差较大。

基于新安江模型，利用相似流域法移植的模型参数模拟42个典型流域的洪水过程。42个典型流域在率定期与检验期的洪水过程模拟结果见表6.3-2和图6.3-8。

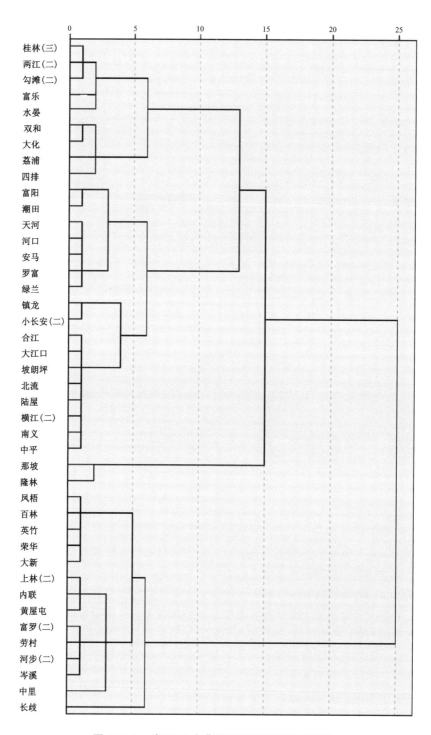

图 6.3-5 广西 42 个典型流域聚类分析树状图

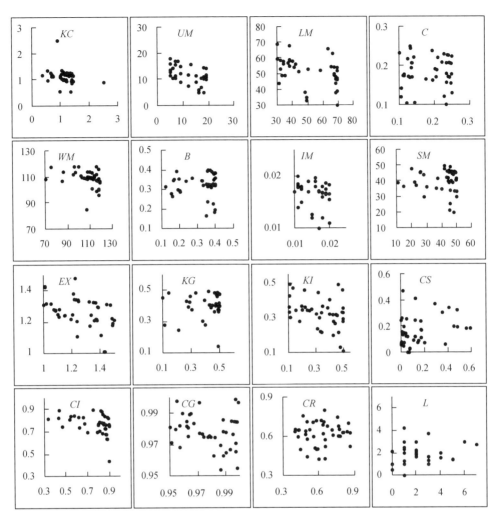

图 6.3-6　相似流域法与直接率定计算的模型参数对比

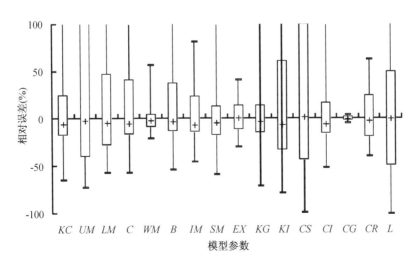

图 6.3-7　相似流域法计算的模型参数误差统计特征

表 6.3-2　广西 42 个典型流域相似流域法参数移植洪水过程模拟结果

站名	率定期		检验期	
	确定性系数	合格率(%)	确定性系数	合格率(%)
长歧	0.140	0	0.072	0
黄屋屯	0.410	30.769	0.323	0
陆屋	0.364	9.091	0.393	0
坡朗坪	0.805	54.545	0.865	50
合江	0.597	23.077	0.765	0
横江(二)	−0.426	23.077	−0.497	0
富阳	0.441	14.286	0.776	50
富罗(二)	0.667	46.154	0.684	50
劳村	0.456	16.667	0.153	0
双和	0.673	15.385	0.599	0
荔浦	0.322	50	−1.017	0
潮田	0.689	30.769	0.537	0
桂林(三)	0.387	42.857	0.400	0
大江口	−0.096	0	0.090	0
镇龙	0.608	0	0.70	0
英竹	−0.779	7.143	0.611	50
荣华	0.221	36.364	0.387	50
那坡	0.669	25	0.682	50
大新	0.689	33.333	0.847	50
河步(二)	−0.458	0	0.661	0
岑溪	−0.21	8.333	0.356	50
北流	−0.096	7.143	0.177	0
水晏	0.494	46.154	0.472	0
大化	0.299	46.154	−0.148	0
南义	0.031	0	0.157	0
中里	0.556	0	0.477	0
中平	0.527	0	0.766	0
四排	0.752	58.333	0.949	100
两江(二)	0.810	42.857	0.896	100

（续表）

站名	率定期		检验期	
	确定性系数	合格率(%)	确定性系数	合格率(%)
安马	0.631	28.571	0.716	0
天河	0.406	7.692	0.66	0
小长安(二)	−0.416	7.692	−1.335	0
勾滩(二)	0.567	25	0.713	100
富乐	0.462	42.857	0.677	50
上林(二)	−0.141	0	−0.472	0
内联	−13.367	0	−3.101	0
河口	0.002	0	0.191	0
凤梧	0.508	50	0.792	100
百林	0.274	30.769	0.205	50
绿兰	−4.122	0	−3.885	0
罗富	0.128	7.692	0.307	0
隆林	−3.789	0	−3.222	0

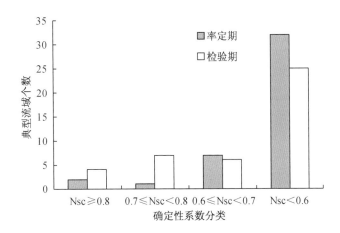

图 6.3-8　相似流域法参数移植广西典型流域洪水过程模拟确定性系数分类

　　从表 6.3-2 可以看出，基于回归分析的参数移植方法对广西 42 个典型流域洪水径流过程具有较好的模拟效果。率定期确定性系数最大的为两江(二)流域的 0.81。在率定期和检验期，确定性系数大于等于 0.8 的流域个数分别为 2 个和 4 个；确定性系数大于等于 0.7 小于 0.8 的流域个数分别为 1 个和 7 个；确定性系数大于等于 0.6 小于 0.7 的流域个数分别为 7 个和 6 个；确定性系数小于 0.6 的流域个数分别为 32 个和 25 个(图 6.3-8)。相关典型流域的径流模拟过程见图 6.3-9。

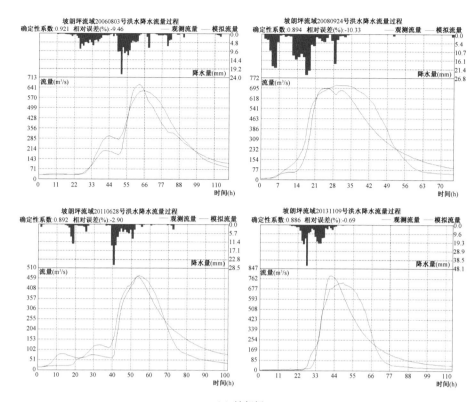

（a）坡朗坪

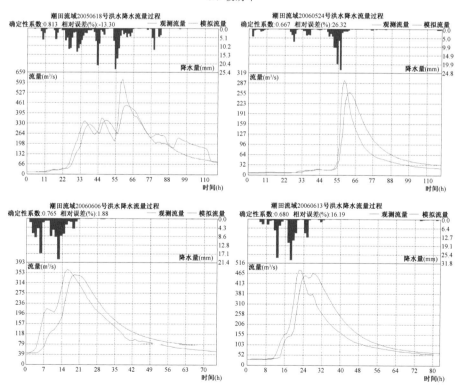

（b）潮田

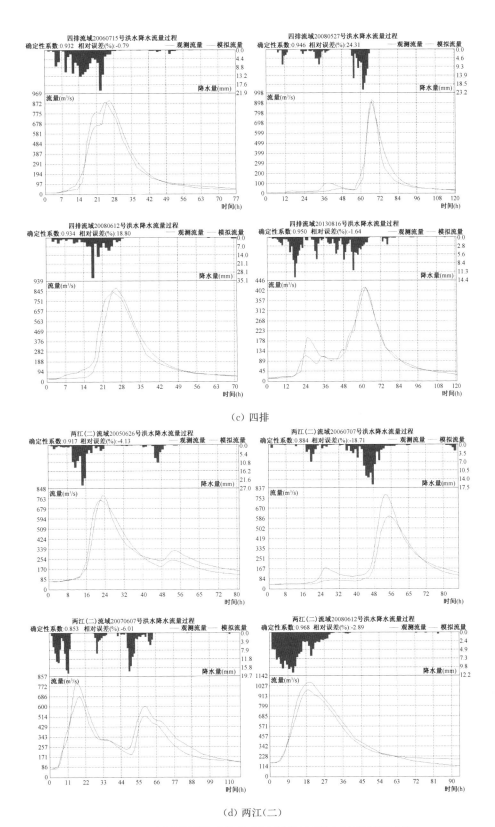

（c）四排

（d）两江（二）

图 6.3-9　基于相似流域法的广西典型流域洪水径流模拟过程

6.3.3 参数移植结果对比

根据基于回归分析与基于相似流域的两种参数移植方法模拟的洪水过程,对比这两种方法在资料短缺地区洪水模拟中的优劣,结果见图 6.3-10 和 6.3-11。

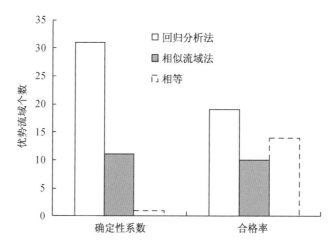

图 6.3-10 回归分析法与相似流域法模拟洪水过程优势流域对比

从图 6.3-10 可以看出,回归分析法模拟的洪水过程比相似流域法要好。在 42 个典型流域中,对于确定性系数,回归分析法模拟效果较好的有 31 个典型流域,相似流域法模拟效果较好的有 10 个,有 1 个流域两种方法的模拟效果相当;对于合格率,回归分析法模拟效果较好的有 19 个典型流域,相似流域法模拟效果较好的有 9 个,有 14 个流域两种方法的模拟效果相当。从图 6.3-11 可以看出,无论是确定性系数还是洪水模拟的合格率,参数直接率定的模拟效果最好,回归分析法次之,相似流域法最差。

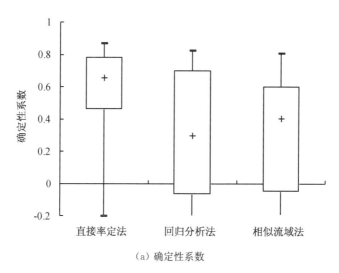

(a)确定性系数

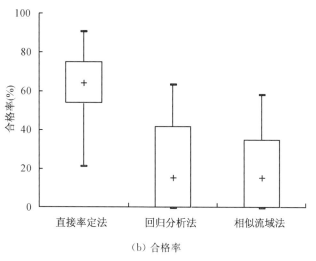

（b）合格率

图 6.3-11　回归分析法与相似流域法模拟洪水过程的确定性系数与合格率对比

6.4　大型水库预报调度的应用及影响

6.4.1　西江流域水利工程建设现状及防洪区概况

6.4.1.1　西江流域水利工程建设概况

在西江流域干、支流已建成的投入运行的水利工程中，大多数为低水头径流式水电站，只有龙滩、百色、青狮潭等少数水利工程具有明显的防洪功能；大藤峡水利枢纽是控制性防洪工程，但尚未完全投入使用。西江流域具有防洪任务的梯级水库如表 6.4-1 所示。

表 6.4-1　西江流域部分水库特征表

流域	所在河流	工程名称	坝址控制流域面积（km²）	总库容（亿 m³）	调洪库容（亿 m³）	正常水位相应库容（亿 m³）	设计水位相应库容（亿 m³）
西江	红水河	天生桥一级	50 139	106.87	9.92	93	95.1
	红水河	龙滩	98 500	88.47	96.41	62	71
	红水河	岩滩	106 580	33.8	1.5	26.1	31.3
	红水河	乐滩	118 000	9.5	5.94	4.02	6.81
	黔江	大藤峡	198 612	34.79	22.14	28.13	28.13
柳江	柳江	洋溪	13 165	8.69	6.97	72	8.69
	贝江	落久	1 746	3.43	2.68	3.43	3.43
	柳江	大浦	26 765	6.06	3.92	2.37	4.08
	柳江	红花	46 770	30	—	5.7	4.6

（续表）

流域	所在河流	工程名称	坝址控制流域面积（km²）	总库容（亿 m³）	调洪库容（亿 m³）	正常水位相应库容（亿 m³）	设计水位相应库容（亿 m³）
郁江	右江	百色	9 600	56.6	21.5	48	50.5
	郁江	老口	72 368	25.87	3.6	4.01	21.1
	郁江	西津	77 300	30	19.5	11.25	19.22
	郁江	贵港	81 700	6.42	3.4	3.72	5.98
桂江	甘棠江	青狮潭	474	6	3.36	4.15	4.98
	小溶江	小溶江	264	1.52	0.65	1.46	1.51
	川江	川江	127	0.97	0.46	0.93	0.93
	陆洞河	斧子口	325	88	0.96	74	806

6.4.1.2 西江流域防洪区概况

根据规划区域的自然地理条件及主要防洪保护对象的分布特点,广西境内西江流域主要规划区域分为 3 个防洪保护区:郁江中下游防洪保护区、柳江下游及红柳黔(红水河、柳江、黔江)三江汇流地带防洪保护区和浔江防洪保护区。

(1)郁江中下游防洪保护区

截至 2017 年年底,郁江中下游现有堤防 97 km,保护人口 135 万人、耕地 51 万亩[①],保护区内的国内生产总值为 160 亿元,工农业生产总值为 150 亿元。现有堤防一般可防御 10 年一遇的洪水,部分达到 20 年一遇标准。南宁市是本区的重点保护对象,市区堤防现有防洪标准为 50 年一遇。郁江中下游防洪工程体系中建有控制性工程百色水利枢纽,防洪枢纽和防洪堤结合一起防洪,南宁市城区可抵御 100 年一遇洪水。

(2)柳江下游及红柳黔(红水河、柳江、黔江)三江汇流地带防洪保护区

柳江下游的防洪重点是柳州市。柳州市城区位于柳江两岸,地势甚低,过去为不设防城市,城区几乎年年受淹。直至 20 世纪 90 年代中期,柳州市才开始进行城区堤防工程的建设,堤防设计标准为 50 年一遇。红水河、柳江、黔江三江汇流地带位于西江干流控制性防洪枢纽大藤峡水库的库区,历来为西江水系的洪泛区,堤防工程较少,已有的地方标准也较低,该区的防洪措施将结合大藤峡水库库区建设统筹考虑。

(3)浔江防洪保护区

浔江为西江干流的中游段,截至 2017 年年底,两岸现有堤防工程长 349 km,保护人口 199 万人、耕地 102 万亩,保护区内的国内生产总值为 68 亿元、工农业生产总值为 98 亿元。现有堤防的防洪标准一般为 10 年一遇左右,部分县城城区的堤防工程约达 20 年一遇的标准。梧州市是本区的重点防护对象,位于桂江与西江交汇口,市区被桂江分隔为河东与河西两部分,河西区尚不足 50 年一遇的防洪标准,河东区的堤防标准为 10 年一遇。

---

① 1 亩 ≈ 667 m²。

6.4.2 研究区水利工程情况及对洪水预报的影响

6.4.2.1 研究区水利工程情况

本书重点研究区域为南宁(三)—都安(二)—马陇(三)—柳州(二)—对亭—平乐(三)—金鸡(二)以上7站至梧州(四)区域。经统计,该区域中分布的大型水利工程如表6.4-2所示,分布情况及库容如图6.4-1所示。

表6.4-2 研究区水利工程情况

序号	工程名称	工程等别	总库容(亿 m^3)
1	长洲水利枢纽-水库工程	I	56
2	柳江红花水利枢纽-水库工程	I	30
3	横县西津水库	I	30
4	乐滩水库	II	9.5
5	桥巩水电站-水库工程	II	9.03
6	仙衣滩水库	II	6.43
7	大王滩水库	II	6.38
8	梧州市旺村水利枢纽-水库工程	II	4.6
9	桂平航运枢纽-水库工程	II	3.19
10	京南水利枢纽-水库工程	II	2.72
11	巴江口电站水库	II	2.163
12	昭平水库	II	1.221
13	江口电站-水库工程	III	0.187

西江流域干、支流主要水利工程中大多数为低水头径流式水电站,根据水利工程的调度原则,发生大洪水时水利工程对洪水的调蓄作用较小,因此对洪水过程的影响较小。本次研究以长洲水利枢纽-水库工程为例,分析其运行对梧州(四)站洪水过程的影响。

6.4.2.2 长洲水利枢纽基本情况

长洲水利枢纽坝址位于梧州市上游约12 km处,距南宁市382 km,至广州市303 km,是一座以发电和航运为主,兼有提水灌溉、水产养殖、旅游等综合效益的大型水利水电工程。大坝以上集水面积为30.86万 km^2,汇集了红水河、柳江、郁江和北流河的水量,流域经纬跨度大,各江的降雨时空过程不同,形成枯水期水量特别丰沛,多年平均流量为6 100 m^3/s,11月至次年4月枯水期平均流量达2 368 m^3/s,保证率为95%的枯水流量仍高达1 090 m^3/s。水库总库容为56亿 m^3,滞洪库容为37.4亿 m^3,枯水期调节库容为3.4亿 m^3(周调节水平)。长洲水利枢纽和梧州(四)水文站位置如图6.4-2所示。

水利枢纽挡水拦河大坝总长3 469.76 m,坝顶高程为34.6 m,最大坝高为56 m;枢纽坐落在长洲岛端部,坝轴线横跨两岛三江,从右至左布置有右岸接头重力坝及土石坝、2号1 000吨级船闸、2孔冲沙闸、1号2 000吨级船闸;外江16孔泄水闸、外江厂房(9台机组);长987 m的鱼道、泗化洲岛土坝;中江15孔泄水闸;长洲岛土坝;内江12孔泄水闸、内

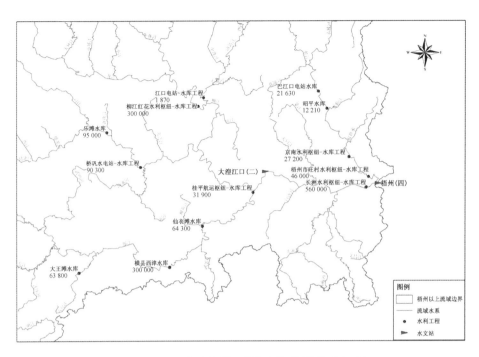

图 6.4-1 研究区水利工程分布情况(单位:万 m³)

图 6.4-2 长洲水利枢纽与梧州(四)水文站位置图

江厂房(6台机组);左岸接头重力坝及土石坝;泗化洲岛及内江左岸台地布置2个开关站。外江、中江和内江工程分布示意图如图 6.4-3 所示。内江和外江的河床式厂房共安装 15 台单机容量为 42 MW 的灯泡贯流式水轮发电机组,总装机容量为 630 MW,多年平均年发电量为30.14亿 kW·h,装机利用小时为 4 916 h,枯水期多年平均发电量为15.32亿

kW·h,占多年平均发电量的49.4%。电站最大水头为16 m,最小水头为3 m,设计水头为9.5 m。

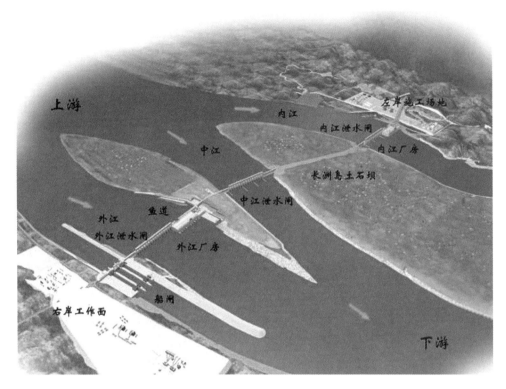

图 6.4-3　长洲水利枢纽工程布置示意图

6.4.2.3　长洲水利枢纽调度运行原则

1) 水库调度基本原则

(1) 在确保水电站水工建筑物安全的前提下,在优先考虑珠江防汛抗旱总指挥部"压咸补淡"调令的执行,保障下游生活供水所需,保障船闸通航安全,满足电网公司调度运行秩序基础上,开展发电经济运行调度工作。

(2) 汛期水位控制按照水利部珠江水利委员会批复的运行方式进行,内、外江发电水头均不得超过16 m,船闸运行水头不得超过16.05 m。为保障下游生活供水需求,在蓄水调度时出库流量按不低于800 m³/s控制;当上游水位变幅较大时(日变幅大于0.3 m),应做好上游边坡的巡视检查工作。

(3) 为了减少外购电量,每单元(即每台主变)必须安排一台机组运行。

(4) 在闸门未敞泄之前,水库运用要注意控制藤县水文站水位不超过21.17 m;闸门敞泄后,河道恢复天然状态,水位不受人为调节控制。

2) 水库运行基本原则

(1) 水库恢复天然河道之前,水库水位最高为18.60 m,有特殊运行方式时按照珠江防汛抗旱总指挥部批复的文件执行。

(2) 当入库流量大于16 300 m³/s且小于21 000 m³/s时,电站停止发电,在不影响下游航运及防洪安全前提下,入库流量全部通过泄洪闸控制渐进下泄,直至水库水位基本恢复到天然状态。

（3）当入库流量大于 21 000 m³/s 时，43 孔泄洪闸全部敞开泄洪，水库水位基本恢复到天然状态。

（4）由于水情预报和水库调度存在误差，同时为降低闸门操作频率，在水库水位控制中允许一定程度的水位波动，波动控制范围为 ±20 cm。

3）流量节点

（1）6 120 m³/s：坝址多年平均流量节点；

（2）7 450 m³/s：汛期电站最大发电流量节点；

（3）16 300 m³/s：机组全停控制节点；

（4）21 000 m³/s：43 孔闸门敞泄节点；

（5）34 500 m³/s：船闸停航节点。

4）坝前控制水位节点

（1）18.60 m：汛期 5—10 月水库运行水位节点；

（2）19.80 m：非汛期发电最低消落水位节点；

（3）20.60 m：非汛期 11 月至翌年 4 月水库运行水位节点；

（4）23.90 m：船闸停航节点。

5）流量变化过程中水库运行方式

根据长洲水利枢纽的调度原则和运行原则，结合 2017 年汛期水库调度方案，归纳流量变化过程中长洲水库运行方式。

（1）入库流量在 1 600 m³/s 以下

此流量范围已经不满足连续通航要求。采用间断通航方式，库水位预计在 18.30 m 到 18.60 m 之间运行，停航蓄水段总出库流量不低于 800 m³/s，其中水位蓄至 18.60 m 后，先以 2 000 m³/s 出库运行 4 h 左右，然后保持 1 600 m³/s 出库运行，直至水位消落至 18.30 m。

（2）入库流量为 1 600～2 000 m³/s

在此流量范围内，为满足外江连续通航要求，电站基本没有调峰调频能力，应保证内江出库流量不低于 200 m³/s，多余流量尽可能安排到外江机组运行；在满足外江通航要求后，也可适当考虑机组经济运行的需要。

（3）入库流量为 2 000～7 450 m³/s

此流量范围可保证机组发电水头大于额定水头，应采用内、外江机组满发的水库运行方式，此时内、外江流量分配原则上参考内、外江流量分配比，为满足外江通航要求，可适当考虑增加外江机组发电流量。

（4）入库流量为 7 450～16 300 m³/s

在此流量范围内，机组已达满负荷运行，水头小于额定水头，并逐渐减小，应采用以下水库运行方式。内、外江全部机组按水头允许的最大出力运行，多余水量优先安排中江泄水闸进行泄水，当中江泄水流量达到天然分配比要求时，原则上按天然分配流量分别补充各江不足部分流量，以保持水位稳定在控制水位 18.60 m 要求以内。

（5）入库流量为 16 300～21 000 m³/s

上游库水位不超过 18.60 m 运行。当运行水头可以维持机组安全运行时，可根据机组运行工况保留部分机组运行;否则机组应全停。入库流量全部通过泄洪闸控制渐进下泄,直至水库水位基本恢复到天然状态。

(6) 入库流量大于 21 000 m³/s

当入库流量大于 21 000 m³/s 时,43 孔闸门敞泄,河道恢复天然状态。

6.4.2.4 长洲水利枢纽应用及对梧州(四)断面洪水的影响

根据长洲水利枢纽流量变化过程中水库运行方式,将入库流量分为小于 7 450 m³/s、7 450～16 300 m³/s、16 300～21 000 m³/s、大于 21 000 m³/s 等 4 种情况进行分析。

1) 入库流量小于 7 450 m³/s

当入库流量小于 7 450 m³/s 时,水库按入库流量发电,入库流量全部下泄,长洲水利枢纽对梧州(四)断面洪水过程基本无影响。

2) 入库流量为 7 450～16 300 m³/s

当入库流量为 7 450～16 300 m³/s 时,水库按最大发电流量 7 450 m³/s 发电,水库保持汛限水位 18.60 m 运行,超过 7 450 m³/s 的流量通过闸门控制,按出入库基本平衡方式调度,调节水量在 1 000 m³/s 左右。长洲水利枢纽至梧州(四)断面长约 12 km,可认为水库坝下流量演进到梧州(四)断面时无坦化。因此,当长洲水利枢纽入库流量为 7 450～16 300 m³/s 时,其对梧州(四)断面洪峰水位影响在 0.5 m 以内。

3) 入库流量为 16 300～21 000 m³/s

当入库流量为 16 300～21 000 m³/s 时,水库停止发电,入库流量全部经过泄洪闸下泄,为避免形成人造洪峰及对上游影响,水库采取逐渐加大下泄方式运行,坝前水位逐渐降低,闸门逐步全部提离水面,坝上下游水位逐渐过渡自然衔接,水库出库流量会略大于入库流量。结合 2016 年、2017 年部分洪水场次的实测调度过程情况进行分析。

如 2016 年 6 月 13 日 14 时至 15 日 8 时的水库运行情况,入库流量由 18 120 m³/s 增至 21 000 m³/s,出库流量由 18 120 m³/s 增至 21 300 m³/s,库水位由 18.60 m 消落至 18.47 m,蓄水量也由 15.2 亿 m³ 减至 15.0 亿 m³,相当于这段时间内较天然来水平均增泄 132 m³/s。

又如 2017 年 6 月 29 日 20 时至 30 日 20 时的水库运行情况,入库流量由 18 150 m³/s 增至 23 360 m³/s,出库流量由 18 150 m³/s 增至 21 300 m³/s,库水位由 18.60 m 消落至 18.18 m,蓄水量也由 15.2 亿 m³ 减至 14.56 亿 m³,减少 0.64 亿 m³,相当于这段时间内较天然来水平均增泄 741 m³/s。

通过次洪水过程分析,可知当入库流量为 16 300～21 000 m³/s 时,水库逐渐加大下泄,使坝前水位逐渐降低,以达到较平稳自然衔接,增加洪峰水位 0.1～0.5 m,如预泄提前时间越长,则影响就越小,反之则影响越大。此时梧州水文(四)站洪水位在 16.00 m 左右,即增大梧州洪水的仅是发生在警戒水位(18.50 m)级以下洪水。

4) 入库流量大于 21 000 m³/s

当入库流量大于 21 000 m³/s 时,水库 43 孔闸门敞泄,入库流量全部下泄,河道逐步恢复至天然状态。但由于水库的阻碍作用,使坝上游因水流受阻而产生壅水,从而对洪水起到一定的调节作用,这种调节作用随着洪水量级的增大而减少,当洪水量级达到一定程度后,这种影响可忽略不计。为了解长洲水利枢纽对梧州(四)断面洪水过程影响情况,现对 2016 年至 2017 年 4 次超警戒洪水进行分析。

以大湟江口(二)、金鸡(二)、太平按传播时间叠加作为长洲水利枢纽入库洪水过程,

即 $Q_{长洲入} = \alpha(Q_{大湟江口\,t-9} + Q_{太平\,t-4} + Q_{金鸡\,t})$，$\alpha$ 值取 0.95～0.98，当太平、金鸡（二）站洪峰流量大于 1 000 m³/s 时，说时区间入流较大，α 值取 0.98；当太平、金鸡（二）站洪峰流量均小于 400 m³/s 时，说时区间入流很少，α 值取 0.95；否则取 0.96。

对最近两年来 4 次梧州（四）水文站超警戒的洪水过程，做水库调洪演算，演算成果详见表 6.4-3，从表中可看到出库洪峰洪流量均小于入库洪峰流量，削减率为 5.2%～7.2%，这包含了洪水在河道内的坦化，但与建库前天然河道相比较，削减率增大 2% 左右。如同量级的"2008·6"和"2017·7"两场洪水，上游最大洪水流量分别是 47 100 m³/s、46 500 m³/s，梧州站实测相应洪峰流量分别是 44 300 m³/s、42 200 m³/s，折减率分别为 0.94、0.90，可见长洲水利枢纽投入运行后，对 10 年一遇以下洪水是有一定削峰作用的，削减洪峰流量 500～1 000 m³/s，降低梧州（四）水文站洪峰水位 0.5 m 左右。

表 6.4-3　2016—2017 年超警戒洪水调洪演算成果

时间	最大入库流量（m³/s）	实测最高库水位(m)	演算最高库水位(m)	演算最大出库流量（m³/s）	削减洪水量（m³/s）	削峰率（%）
2016-06-17	30 800	20.58	20.58	28 760	2 040	6.6
2017-07-06	35 900	23.95	23.84	34 030	1 870	5.2
2017-07-14	30 110	19.91	20.31	28 320	1 790	5.9
2017-08-18	28 430	19.49	19.38	26 380	2 050	7.2

6.5　在历次洪水预警预报中的应用

6.5.1　在近年历次中小河流洪涝预测预警服务中发挥重要的支撑作用

中小河流洪涝具有突发性、时间短、水量集中、破坏力大等特点，危害很大，中小河流洪涝及其诱发的泥石流、滑坡，常造成人员伤亡，毁坏房屋等，甚至可能导致水坝、山塘溃决，对国民经济和人民生命财产造成危害极大。

在广西，突发性中小河流洪涝灾害已经成为最主要的灾种之一，因其暴涨暴落、来势猛、流速快、冲击破坏力大，以至于中小河流洪涝过后大部分房屋、道路、桥及农田被毁，是一种毁灭性灾害。2005 年 6 月中下旬，广西西江罕见的特大洪涝灾害，全区共有 95 个县市约 989 万人受灾，倒塌房屋 20 多万间，因灾死亡 84 人，农作物受灾面积约 555 000 hm²，损坏中型水库 15 座，小型水库 292 座，损坏堤防 1 651 处 305.4 km，堤防决口 384 处 30.5 km，损坏灌溉设施 8 742 处，损坏水文测站 27 座，造成直接经济总损失约 98 亿元。在死亡的 84 人中，大部分为中小河流洪涝灾害造成。

2015 年、2016 年受强降雨影响，全区共有 154 条河流发生 389 站次超警戒以上洪水，部分中小河流发生超 50 年一遇特大洪水，其中，恭城河发生自 1953 年有记录以来最大洪水，重现期达 50 年一遇；龙江支流大环江出现自 1958 年建站以来最大、重现期为 30 年一遇的洪水。两年中，因灾死亡 23 人，失踪 5 人；倒塌房屋 1.25 万间；农作物受灾面积为 619 420 hm²，成灾面积 246 690 hm²，绝收面积为 38 650 hm²，因洪涝灾害造成的直接经济损失为90.77亿元。其中大部分灾害也是由中小河流洪涝造成的,因灾死亡及失踪几乎皆由中小河流洪水及其引发的次生灾害造成。

由此可见,小流域洪水及中小河流洪涝灾害已经成为广西暴雨洪灾的主要自然灾害类型之一。最近两年,利用"广西水文资料匮乏地区中小河流关键技术预报研究"成果,开展了广西小流域洪水及中小河流洪涝预测预警服务,及时向社会公众发布洪水预警预报信息,为社会公众及早避险、受洪水威胁区的人员及时转移及相关区域党委政府组织抗洪抢险等发挥了重要作用,大大减少广西全区因洪水灾害造成的人员伤亡和财产损失。同时,自治区及各市防汛指挥办公室、自治区自然资源厅及各市国土资源局等部门通过该研究成果或水文部门提供的中小河流洪水预警预报成果及时做好中小河流洪涝组织防御工作,也取得了较好的社会和经济效果。

6.5.2　2016年6月贝江罕见暴雨洪水

贝江旧称背江,是融江右岸支流,发源于环江、融水县交界的九万大山东侧,位于融水县汪洞乡卡马塘村头坪屯以西2 km处,地理位置为东经108°38′～109°18′,北纬25°06′～25°27′。

贝江流域地势由西北向东南倾斜,区域内群峰林立,沟壑纵横,坡陡谷深,沟谷切割深窄,坡度为30°～60°。流域面积为1 788 km²,干流长140 km,平均坡降为2.41‰。流域属中亚热带季风气候,四季分明,夏季极端最高气温不超过30℃,冬季极端最低气温不低于−5℃。年降水量为1 800～2 200 mm,年内降水分配不均,5—8月降水量占全年的70%,最大暴雨中心位于流域内元宝山脚下的再老雨量站,其年最大降水量为4 904.0 mm,最大24 h降水量为779.1 mm。

贝江流域是桂北著名的暴雨区,大暴雨或特大暴雨频繁发生,常造成洪灾与泥石流。1996年,大苗山全境普降特大暴雨,最大1 h点暴雨量为110.0 mm,最大24 h降水量为779.1 mm,最大3 d降水量为1 335.0 mm,造成山崩地裂,暴雨冲刷坡面,把风化残积物集中到沟谷,形成含有大量固体物质的泥石流。这场毁灭性的洪灾使当地群众一贫如洗,灾难深重,惨不忍睹。

2016年7月3—4日,受季风槽和西南暖湿气流影响,柳州市贝江流域普降暴雨到大暴雨,局地特大暴雨。本次降雨过程具有累积雨量大、降水强度大等特点(图6.5-1)。

据流域上的沙街、罗洞等监测站点降水量信息显示,贝江流域最大1 h降水量为85.0 mm,连续最大3 h降水量为177.5 mm,连续最大6 h降水量达230.0 mm,均超过本研究成果确定的致灾临界降水量值50 mm、80 mm、150 mm。

4日上午7时,立即采用本研究成果构建的小流域洪水预警预报平台进行分析(图6.5-2～图6.5-4)。

依据分析计算,2016年7月4日7时30分发布洪水蓝色预警:过去6小时,广西柳州市融水县局地发生特大暴雨,融水县安太乡6小时累计降水量为163 mm、滚贝乡为139 mm、红水乡为129.5 mm、汪洞乡为118.5 mm。受强降雨影响,预计未来2～8 h,融水县境内贝江干流将出现超警戒水位的洪水,提请融水县贝江沿河有关单位及社会公众加强防范,及时避险。

4日8至9时,贝江流域继续降暴雨,依据新的流域雨情信息分析结果,9时30分升级发布洪水黄色预警:受强降雨影响,预计未来2～8 h,贝江干流全线将出现超警戒水位2～5 m的洪水。贝江勾滩水文站将出现128.00 m左右的洪峰水位(警戒水位为124.60 m),

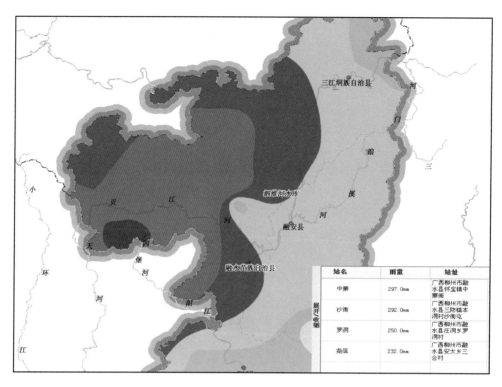

图 6.5-1　2016 年 7 月 3 日 20 时至 4 日 20 时柳州市贝江流域降雨等值面示意图

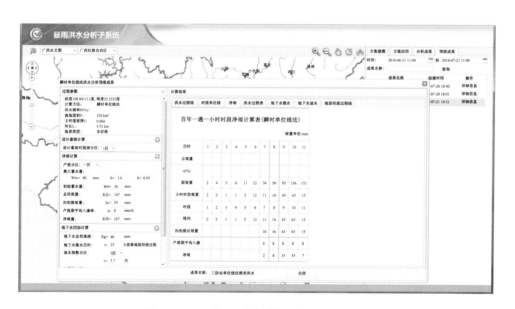

图 6.5-2　贝江三防站时段降水量过程分析

约为 10 年一遇的洪水；三防站已出现超 1996 年历史调查洪水；中寨河段将继续上涨 3 m 左右，超过 1996 年历史调查洪水，提请融水县贝江沿河有关单位及社会公众加强防范，及时避险。

及时预测预警，为贝江沿河群众有效防御这次特大洪水提供了可靠的信息支撑，使中小

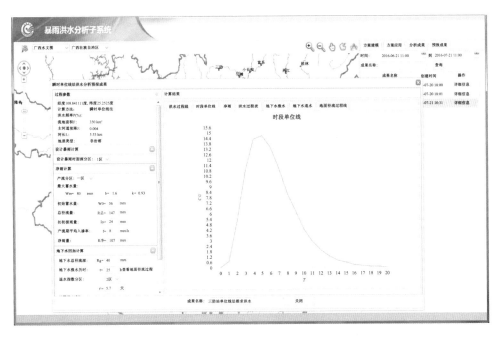

图 6.5-3　贝江三防站汇流单位线分析

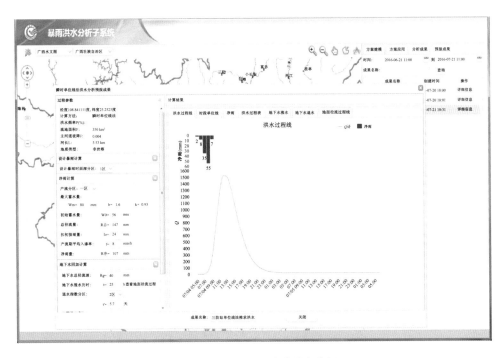

图 6.5-4　贝江三防站洪水分析

河流洪涝造成的灾害损失降到最低,受威胁人员得到及时安全转移,没有造成人员伤亡。

6.5.3　2016 年 7 月东小江超 10 年一遇暴雨洪水

东小江,又名古龙河、天河,龙江左岸一级支流。地理位置为东经 $108°27'\sim108°47'$,

北纬 24°27′~25°08′,流域面积为 1 904 km²。

流域地处云贵高原前沿的斜坡地带,地势自北向南倾斜,山峦延绵起伏,为石灰岩地区,岩溶暗河发育。上游区域为侵蚀型中低山区,河槽多呈峡谷型;下游为岩溶峰林谷地或丘陵区,沿岸阶地发育。

东小江属山区性河流,上游滩多坡陡,水流湍急;下游河段平缓、开阔。干流长151 km,平均坡降为 3.54‰。

2016 年 7 月 3 日 2 时至 4 日 10 时,受季风槽和西南暖湿气流影响,河池市东小江流域普降暴雨到大暴雨,局地特大暴雨。本次降雨过程具有累积雨量大、局部区域降水强度大、降水集中等特点(图 6.5-5)。

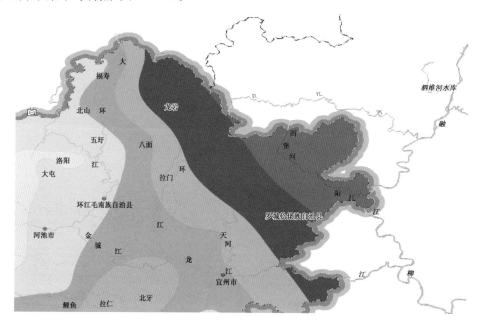

图 6.5-5 2016 年 7 月 3 日 8 时至 4 日 14 时河池市降雨等值面示意图

据流域上的坡甲、罗洞等临测站点降水量信息显示,最大 1 h 降水量为 56.0 mm,连续最大 3 h 降水量为 90.5 mm,连续最大 6 h 降水量达 114.5 mm;超过或接近本研究成果确定的该区域致灾临界降水量值 50 mm、80 mm、120 mm。

4 日上午 7 时,有关部门立即采用本研究成果构建的小流域洪水预警预报平台进行分析(图 6.5-6 ~ 图 6.5-8)。

依据分析计算,广西河池市罗城县中心水文站 2016 年 7 月 4 日 7 时 00 分发布洪水蓝色预警:受 7 月 4 日 2 时以来强降雨影响,东小江水位持续上涨。预计未来 2~3 h,东小江天河镇河段将出现防洪警戒水位左右的洪水,提请相关区域的有关单位及社会公众加强防范,及时避险。

4 日 8 至 13 时,东小江流域继续降暴雨,依据新的流域雨情信息分析结果,13 时 30 分升级发布洪水黄色预警:受 7 月 4 日 8 时以来强降雨影响,东小江水位持续上涨,提请相关区域的有关单位及社会公众加强防范,及时避险。

及时预测预警,为东小江沿河群众有效防御这次特大洪水提供了可靠的信息支撑,使

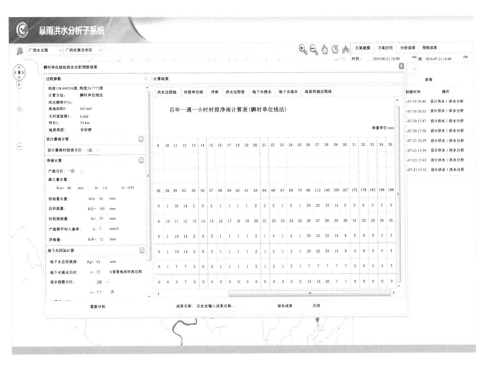

图 6.5-6　东小江天河站时段降水量过程分析

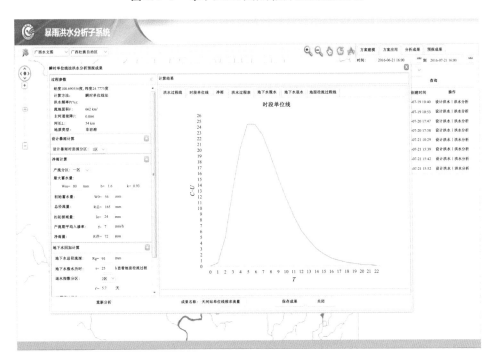

图 6.5-7　东小江天河站汇流单位线分析

中小河流洪涝造成的灾害损失降到最低，受威胁人员得到及时安全转移，没有造成人员伤亡。

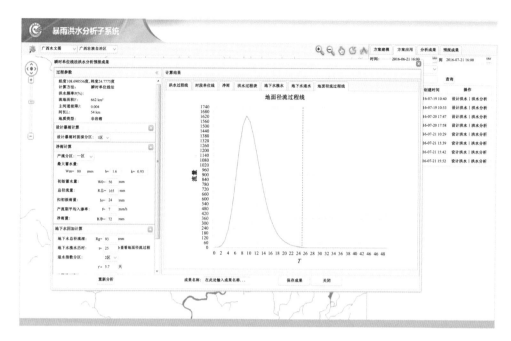

图 6.5-8　东小江天河站洪水分析

6.5.4　2017年7月蒙江50年一遇暴雨洪水

蒙江为浔江一级支流，发源于荔浦县东南端的长滩河，从荔浦东南端进入蒙山北部后，由北向南贯穿而过，出境进入藤县界后流至蒙江镇汇入浔江。蒙江全长192 km，流域面积为3 893 km²，由东经110°15′～110°54′，北纬23°37′～24°24′，形成一个近似矩形的流域。太平站距河口41 km，控制面积为3 445 km²，占蒙江流域面积的88.5％。

2017年6月28日至7月3日，受季风槽和西南暖湿气流影响，梧州市蒙江流域普降大暴雨到特大暴雨，次洪过程最大点降水量为藤县大黎镇太兴村的398.5 mm。

强降雨导致蒙江洪水迅猛暴涨，2日17时，立即采用本项研究成果构建的新安江洪水预警预报分析平台进行分析(图6.5-9)。预计未来6～8 h，蒙江太平镇河段将出现50年一遇特大洪水(50年一遇洪水位为42.50 m)。藤县中心水文站于17时30分发布洪水橙色预警，提请相关区域的有关单位及社会公众加强防范，及时避险。

及时预测预警，为蒙江沿河群众有效防御这次特大洪水提供了可靠的信息支撑，使这次蒙江特大洪水所带来的灾害损失降到最低，受威胁人员得到及时安全转移，没有造成人员伤亡。可见，在暴雨洪水面前，及时准确的预警预报信息对保障人民的生命安全是多么重要！

6.5.5　2017年7月桂江阳朔河段及支流良丰河50年一遇暴雨洪水

2017年7月2日上午，根据雨水情研判预计桂江阳朔河段及支流良丰河将在24 h内出现50年一遇洪水，经桂林市水文局与区局会商，桂林市水文局果断升级发布洪水红色预警，区局同步升级发布洪水橙色预警，为桂江的抗洪抢险提供了决策依据。水文情报信息通过桂林生活网实现了首次网络直播，将水文预报和洪峰信息推送到桂林生活网和掌

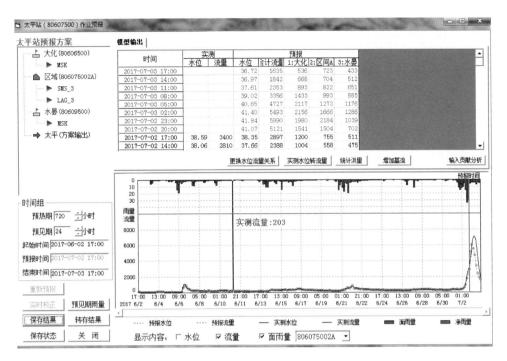

图 6.5-9　太平站洪水预报系统界面

上桂林 App 上,直播访问量多达 150 万人次,让公众第一时间掌握洪水动态。经此,水文服务影响力持续提高。桂林水文的优质服务得到了市委、市政府的充分肯定,桂林市谢灵忠副市长在桂林市重要水情专报第 3 期(2017 年 7 月 3 日)上专门批示:"工作认真负责,预测预警及时准确,为防汛工作做出了重要贡献!"时任广西壮族自治区党委书记彭清华同志也在《广西重要水情信息专报》(2017 年 7 月 2 日)做了重要批示。

6.6　本章小结

广西壮族自治区中小河流所在地大多属于缺乏水文观测资料的地区,加之广西大江大河水利工程的建设破坏了已有水文资料的一致性,使得广西全区可较好用于水文预报模型参数率定的水文资料较为缺乏,因而水文模型参数的确定是广西洪水预报工作的难点。本章利用前文介绍的中小河流洪水预警预报方法和关键技术,对广西梧州站断面水文预报模型参数进行了率定与验证,开展了监测预警及其信息的应用分析;对 42 个典型中小河流断面水文模型参数进行了移植和验证,开展了中小河流预报预警的应用分析,对比了基于回归分析法与相似流域法的参数移植方法在洪水过程径流模拟中的优劣;分析了长洲水利枢纽对梧州站断面水文预报的影响,研究了水利工程影响下的洪水预报方法;同时基于分析研究成果研发了洪水预报系统。分析计算结果表明,本书提出并建立的中小河流洪水预报预警方法和关键技术在广西壮族自治区具有较好的适用性,在洪水过程径流模拟中,基于回归分析法的参数移植方法要优于基于相似流域法的参数移植方法,研发的洪水预报系统在广西壮族自治区洪涝预测预警工作中发挥了重要支撑作用。

参考文献

[1] ABDULLA F A , LETTENMAIER D P. Development of regional parameter estimation equations for a macroscale hydrologic model[J]. Journal of Hydrology, 1997, 197(1-4): 230-257.

[2] Bao Z X, Zhang J Y, Liu J F, et al. Comparison of regionalization approaches based on regression and similarity for predictions in ungauged catchments under multiple hydro-climatic conditions[J]. Journal of Hydrology, 2012, 466-467: 37-46.

[3] BÁRDOSSY A. Calibration of hydrological model parameters for ungauged catchments[J]. Hydrology and Earth System Sciences, 2007, 11(2): 703-710.

[4] BLÖSCHL G, SIVAPALAN M, WAGENER T, et al. Runoff prediction in ungauged basins. Synthesis across processes, places and scales[M]. Cambridge: Cambridge University Press, 2013.

[5] BULYGINA N, MCINTYRE N, WHEATER H. Conditioning rainfall-runoff model parameters for ungauged catchments and land management impacts analysis[J]. Hydrology and Earth System Sciences, 2009, 13(6): 893-904.

[6] BULYGINA N, MCINTYRE N, WHEATER H. Bayesian conditioning of a rainfall-runoff model for predicting flows in ungauged catchments and under land use changes[J]. Water Resources Research, 2011, 47(2): W02503.

[7] HRACHOWITZ M, SAVENIJE H H G, BLÖSCHL G, et al. A decade of Predictions in Ungauged Basins (PUB)-a review[J]. Hydrological Sciences Journal, 2013, 58(6): 1198-1255.

[8] HUANG M Y, LIANG X. On the assessment of the impact of reducing parameters and identification of parameter uncertainties for a hydrologic model with applications to ungauged gasins[J]. Journal of Hydrology, 2006, 320: 37-61.

[9] HUNDECHA Y, ZEHE E, BÁRDOSSY A. Regional parameter estimation from catchment properties prediction in ungauged basins[J]. Proceedings of the PUB Kick-off meeting held in Brasilia, 2007, 309: 22-29.

[10] JARBOE J E, HAAN C T. Calibrating a water yield model for small ungaged watersheds[J]. Water Resources Research, 1974, 10(2): 256-262.

[11] MCINTYRE N, LEE H, WHEATER H, et al. Ensemble predictions of runoff in ungauged catchments[J]. Water Resources Research, 2005, 41(2): W12434.

[12] OUDIN L, ANDRÉASSIAN V, PERRIN C, et al. Spatial proximity, physical similarity, regression and ungaged catchments: A comparison of regionalization approaches based on 913 French catchments[J]. Water Resources Research, 2008, 44(3): W03413.

[13] SIVAPALAN M, TAKEUCHI K, FRANKS S W, et al. IAHS Decade on Predictions in Ungauged Basins (PUB), 2003—2012: Shaping an exciting future for the hydrological sciences[J]. Hydrological Sciences Journal, 2003, 48 (6): 857-880.

[14] YADAV M, WAGENER T, GUPTA H. Regionalization of constraints on expected watershed response behavior for improved predictions in ungauged basins[J]. Advances in Water Resources, 2007, 30(8): 1756-1774.

[15] ZHANG Y Q, CHIEW F H S. Relative merits of different methods for runoff predictions in ungauged catchments[J]. Water Resources Research, 2009, 45(7): W07412.

[16] ZHAO R J. The Xinanjiang model applied in China[J]. Journal of Hydrology, 1992, 135(1-4): 371-381.

[17] 李红霞,张永强,敖天其,等.无资料地区径流预报方法比较与改进[J].长江科学院院报,2010,

27(2)：11-15.

[18] 刘苏峡,刘昌明,赵卫民. 无测站流域水文预测(PUB)的研究方法[J]. 地理科学进展,2010,29(11)：1333-1339.

[19] 谈戈,夏军,李新. 无资料地区水文预报研究的方法与出路[J]. 冰川冻土,2004(2)：192-196.

[20] 武震,张世强,丁永建. 水文系统模拟不确定性研究进展[J]. 中国沙漠,2007(5)：890-896.

[21] 姚成,章玉霞,李致家,等. 无资料地区水文模拟及相似性分析[J]. 河海大学学报(自然科学版),2013,41(2)：108-113.

[22] 庄广树. 基于地貌参数法的无资料地区洪水预报研究[J]. 水文,2011,31(5)：68-71.

第七章

洪水预警预报技术在
辽宁中小河流的应用

7.1　区域概况

7.1.1　自然地理

（1）地理位置

辽宁省位于中国东北地区南部,即东经$118°53'\sim125°46'$、北纬$38°43'\sim43°26'$,地处东北亚地区的中心部位,面向太平洋,陆地总面积为14.75万km^2,占全国的1.5％,其中山地8.78万km^2,平原4.82万km^2,其他1.15万km^2,是中国东北经济区和环渤海经济区的重要结合带。西南与河北省临界,西北与内蒙古自治区毗邻,东北与吉林省接壤,东南以鸭绿江为界与朝鲜半岛相望,南濒渤海及黄海,国境线长超过200 km,南北宽约530 km,东西长约574 km,南部辽东半岛插入黄渤二海之间,与山东半岛成掎角之势。

（2）地形地貌

辽宁省地貌分为三大片:东部山地丘陵区、西部山地丘陵区和中部平原区。地貌类型大体呈"六山一水三分田"。山地、平地、水面面积分别占全省土地面积的58％、33％、9％。地势自北向南、自东西两侧向中部倾斜,山地丘陵大致分列于东西两侧,面积约占全省土地面积的2/3。中部为东北向西南缓倾的长方形平原,面积约占全省土地面积的1/3。

东部山地丘陵区由长白山支脉哈达岭和龙岗山脉的延续部分、千山山脉和辽东半岛丘陵区组成。东北部属侵蚀构造或构造剥蚀低山区,峰峦起伏,山势比较陡峻,龙岗山脉海拔为1 000 m左右,水源充沛,森林较多。西南部的千山山脉和辽东半岛丘陵区属构造剥蚀低山丘陵区,以千山山脉为骨干,走向与半岛方向一致,北宽南窄,北高南低,海拔多在400 m以下。

西部低山丘陵区自西而东由努鲁儿虎山、大凌河上游 — 牤牛河谷地、松岭 — 黑山、细河谷地、医巫闾山相间排列而成,形成自西北向东南阶梯式降低的地势,至渤海沿岸形成狭长的滨海平原,即辽西走廊。北北东向展布的努鲁尔虎山为大凌河和辽河上游老哈河的分水岭,海拔一般在1 000 m以下。松岭山脉斜卧在阜新 — 建昌一线,除了西南端山势较险峻,大部分为切割破碎的丘陵地,平均海拔为400 ~ 700 m。医巫闾山位于阜新至锦州铁路线以东,除了阜新、北宁有海拔为600 m的山峰,一般都是海拔为200 ~ 500 m的丘陵。森林植被稀少,自然生态被破坏,水土流失严重。

中部平原区地势自北向南倾斜。由北至南,从山前到中间,依次分布着剥蚀堆积地形的山前坡洪积扇裙和山前倾斜平原、河间冲积平原、海冲积三角洲平原等。本区为全省的汇流、沉积中心,辽、浑、太及绕阳河、大凌河下游一带地势低洼,为海拔在50 m以下的宽阔冲积平原。

（3）土壤植被

辽东山地丘陵包括辽东半岛在内,多为山地暗棕色和棕色森林土,土层厚通常为0.5 ~ 1.0 m。该区域植被覆盖良好,辽东山丘区平均森林覆盖率在50％以上,辽东半岛平均森林覆盖率为25％,自然植被为阔叶林与针叶混合林,多柞木林,地面枯枝落叶层较厚,土壤侵蚀轻微。东部山丘区河谷较窄,有淤土、山地砂石土。半岛丘陵及东部沿海北部多砂石土,沿海南部为黑土。

中部为平原淤土、棕黄土地带。以辽河平原为中心,西至辽西沿海,东至长大铁路右侧低丘一带,主要土壤为河淤土、黑土、棕黄土与海滨盐土,地势低平易涝,土地绝大部分已被开垦利用,土质肥沃,是省内主要粮食产地。除了昌图、法库、辽阳、盖县以及辽西沿海为坡地棕黄土、草甸草原植被和榛子灌丛柞木植被,辽河口沿海为盐土、沼泽植被,其余下辽河平原多为亚砂土性淤土黑土、禾草草甸植被。辽宁中部平均森林覆盖率为15%～20%。

西部为低山丘陵生草棕色森林土、黄白土地带,主要土壤为亚砂土性的黄白土,并有较大面积的风砂土,山地大部为生草棕色森林土。细砂性的风砂土分布在康平的北部和彰武一带,山地生草棕色森林土分布在朝阳、锦州地区的松岭医巫间山地,其他地区分布有黄白土。植被多为草本植物,有的和灌木混生,土壤水蚀强烈,水土流失严重,经过人工治理森林覆盖率达到了20%。辽宁北部土质结构差,砂生植物,受水侵蚀,还受风蚀,水土流失最严重。

(4)河流水系

辽宁省境内河流纵横,水系发达,流域面积在100 km²以上的河流有441条。其中流域面积为100～1 000 km²的河流有390条;流域面积为1 000～5 000 km²的河流有35条;流域面积为5 000 km²以上的河流有16条。主要水系有辽河、鸭绿江、大凌河。辽河水系包括辽河、浑河、太子河、大辽河;鸭绿江水系包括鸭绿江、浑江、爱河、蒲石河;大凌河水系包括大凌河、第二牤牛河、牤牛河、老虎山河、细河。辽宁省境内河流大多注入黄海及渤海,少数流入邻省。直接注入渤海的河流有辽河、大辽河、大凌河、小凌河、复州河、六股河等;直接注入黄海的河流有鸭绿江、碧流河、英那河、大洋河等。

7.1.2 气候气象

辽宁省地处欧亚大陆东岸、太平洋西北岸的北纬中纬度地带,西北部与蒙古高原接壤,南临渤海、黄海,气候类型基本属于大陆性季风气候。其主要气候特点是寒冷期长,平原风大,东湿西干,雨量集中,日照充足,四季分明。春季干而多风,夏季热而多雨,秋季短而晴朗,冬季长而寒冷。夏雨冬干、雨热同季是辽宁的气候特点,但是,由于省内地形较为复杂,各地气候也有明显差异。

辽宁省多年平均年降水量约为690 mm,降水量在地区间和年际间差异都很大,年内分配也很不均匀。在地区分布上,从东南向西北逐渐减少,辽东山区年降水量为900～1 200 mm,宽甸县为暴雨中心,多年平均年降水量为1 100 mm左右,是最湿润的地区;中部地区年降水量为500～800 mm;辽西地区年降水量为500～600 mm,西北部的建平县北部不足400 mm,呈现半干旱特色。

全省降水量年内变化很大。各地降水量的季节分布极不均匀,正常年份4—5月降水量占年降水量的10%～14%;6—10月降水量占全年的70%～80%(其中7—8月的降水量占年降水量的50%～60%);11月至翌年3月降水量仅占年降水量的4%～10%。一年四季各地多年平均降水量的情况如下:春季,西部地区为60～80 mm,东部地区为120～140 mm,其他地区80～120 mm;夏季,西部地区为300～380 mm,东部地区为500～700 mm,其他地区380～500 mm;秋季,西部地区为60～100 mm,东部地区为140～180 mm,其他地区为100～140 mm;冬季,西部地区为6～10 mm,东部地区为25～40 mm,其他地区为10～25 mm。一年内四季降水量分布不均、年际间降水变化大,是辽宁省洪涝灾害严重的主要原因。地区间降水差异大,是造成东部多洪灾、西部多旱灾的主要原因。

7.1.3 水文特征

辽宁省是我国洪涝灾害频发的省份之一,自有连续资料记载以来的220年共发生洪水139次,平均间隔7～8年就会发生一次较大的洪水,平均间隔2～3年发生一次一般的洪水。根据实测及调查资料,辽宁省主要河流(辽河、大凌河、鸭绿江及其他主要支流)历史实测最大洪峰达28 500 m³/s,调查最大洪峰流量达到了44 800 m³/s,详见表7.1-1。

表7.1-1　辽河、大凌河、鸭绿江及主要支流最大洪峰流量列表

河流名称	站名	集水面积（km²）	实测最大洪峰流量(m³/s)	发生年份	调查最大洪峰流量(m³/s)	发生年份
鸭绿江	荒沟	55 420	28 500	1995	44 800	1888
浑江	沙尖子	14 813	19 400	1960	24 400	1888
辽河	铁岭	120 764	14 200	1951	8 740	1886
大凌河	大凌河	17 687	17 300	1962	36 500	1949

受气候、地形、降雨分布的影响,辽宁省洪涝灾害呈现典型的时空差异,中部地区洪涝灾害严重,而东西两侧洪水频发。在洪水空间分布上,辽宁省东南沿海发生洪水灾害的频次高,西北内陆频次低。东南沿海的丹东地区洪水灾害频次最高,居全省之首;西北内陆的朝阳地区洪水灾害频次最低;浑河、太子河、辽河及大连地区发生洪水灾害的频次居于丹东、朝阳两个地区之间。在洪水时间分布上,辽宁省洪水灾害多由暴雨产生,洪水季节高度集中,汛期分布在7—9月,年最大流量85%～95%集中出现在7、8两个月,河流汛期时间短,洪水过程陡涨陡落,多呈孤峰型,峰高量小。一次洪水历时在7 d左右,其中主峰为3 d。

对鸭绿江和辽河代表站年最大洪峰流量出现月份进行统计(详见表7.1-2),洪水年内分布特点如下:

(1)鸭绿江大洪水一般从7月开始,到9月结束。7—8月为洪水频发时段,又以8月最盛。

(2)辽河洪水主要集中在7、8两个月,约占全流域统计洪水次数的87%,除了11、12月份,其他月份洪水偶有发生。

表7.1-2　辽河、鸭绿江主要水文站年最大洪峰流量出现月份统计成果表

河流名称	站名	项目	1—3	4	5	6	7	8	9	10	11	12	合计
辽河	铁岭	次数	1		1	1	15	25	2	1			46
		占比(%)	2.17		2.17	2.17	32.61	54.35	4.35	2.17			100
鸭绿江	荒沟	次数					9	22	2				33
		占比(%)					27.27	66.67	6.06				100

注:表内数字四舍五入,取约数。

鸭绿江和辽河洪水过程时段洪量分配(详见表 7.1-3)特点有以下几个方面:

(1)鸭绿江洪水过程连续多峰,洪水历时长,7 d 洪量约占 30 d 洪量的 1/3。

(2)辽河暴雨一般历时短、强度大,洪量集中,7 d 洪量可占 30 d 洪量的 60%~80%。

表 7.1-3 辽河、鸭绿江典型年大洪水时段洪量分配

河流名称	站名	集水面积(km²)	洪峰流量(m³/s)	年份	时段洪量(亿 m³)		
					7 d	15 d	30 d
辽河	铁岭	120 764	11 800	1953	24	29	36
鸭绿江	荒沟	55 420	13 400	1964	50	89	133

7.2 中小河流预警预报方案

在辽宁省中小河流水文站或水位站中,选择了无资料地区的 133 个中小河流断面,利用参数移植方法建立预报预警方案。

参数移植最关键的是参考站或相似流域。参考站选择的原则是参考站与无资料预报断面的水文气象条件基本一致,流域特性相似(如流域面积、坡度、形状等),距离比较接近,参考站的水文资料系列比较完整。在对比分析辽宁省 133 个中小河流预报断面和已建水文站的地理位置、流域特性及其水文气象条件和资料情况的基础上,共选出 50 个参考站。

根据辽宁省地理、气候和流域下垫面的实际情况,选择新安江模型、陕北模型、TOPMODEL 模型等 3 个模型用于构建 133 个中小河流预报断面的预报方案。其中,新安江模型主要用于辽宁省东、中部比较湿润地区的预报断面;陕北模型主要用于辽宁省西部半干旱地区预报断面;TOPMODEL 模型主要应用于辽宁省东、中部流域的预报断面。

首先在参考站中建立基于新安江模型、陕北模型、TOPMODEL 模型的预报方案,利用各参考站实测的水文资料系列率定模型参数,再选用相应的参数移植方法将参考站的模型参数移植到中小河流预报断面。

7.2.1 基本资料

(1)断面资料

利用 1∶5 万国家基础地理信息数据,分析提取了 133 个中小河流预报断面和 50 个参考站的河流及流域特性,包括河长、流域边界及面积、流域平均比降等,分别见表 7.2-1 和表 7.2-2。同时对各测站流域内的土地利用情况进行了分析,抚顺市清原县北口前(二)站流域内土地利用分布如图 7.2-1 所示。

表 7.2-1 辽宁省中小河流预报断面特征表

序号	站名	河长(km)	流域面积(km²)	平均比降(‰)	年平均降水深(mm)	年平均径流深(mm)	雨量站个数
1	东大道	19.1	128.6	0.1	733	226	3
2	旺清门	40.2	495.7	2.6	778	303	1

序号	站名	河长 (km)	流域面积 (km²)	平均比降 (‰)	年平均降水深 (mm)	年平均径流深 (mm)	雨量站 个数
3	华尖子	16.8	121.4	10.8	792	334	3
4	二户来	37.8	563.9	5.9	796	352	8
5	八里甸子	21.7	187.2	5.1	914	444	0
6	小城子	28.6	143.3	11.0	984	555	3
7	泡子沿	60.2	444.7	4.1	1 093	640	4
8	五道岭子	41.5	280.5	4.7	1 041	574	3
9	庙沟	74.5	465.0	3.3	1 043	597	5
10	虎山	40.5	161.8	4.3	1 082	643	2
11	白菜地	86.8	1 042.1	2.0	917	457	9
12	茨林子	114.9	682.7	2.1	962	461	6
13	三台子	25.3	153.9	5.7	1 003	528	3
14	汤山城	23.3	201.2	2.2	1 091	597	5
15	武营	22.4	195.1	2.4	1 084	614	6
16	老道排	25.5	151.5	7.5	1 089	640	2
17	蒲石河电站	124.5	1 137.1	2.5	1 083	640	12
18	丰源	117.8	1 305.6	0.8	598	99	18
19	石山	58.4	553.1	3.4	723	196	5
20	吴家	35.5	107.3	1.9	698	173	3
21	顺德	30.0	189.4	5.1	704	171	6
22	威远堡	92.5	1 900.4	2.2	705	173	19
23	二社	49.6	260.1	1.7	654	139	4
24	二寨子	20.8	70.7	1.4	682	161	1
25	魏家窝堡	92.2	887.7	1.9	472	31	4
26	范家	37.4	328.6	0.6	588	83	5
27	南长	26.3	168.8	1.9	612	108	2
28	隋荒地	57.5	729.3	0.9	592	86	11
29	马帐房	35.4	189.8	2.0	499	38	2
30	五家子	66.7	1 319.5	1.7	497	38	24
31	兴隆山	58.6	349.8	2.9	480	35	7
32	欢喜岭	34.2	82.2	0.4	575	95	1
33	大虎山	22.2	96.9	0.6	581	68	1
34	中安堡	37.2	228.3	4.1	557	70	4
35	沟帮子	27.4	134.0	3.2	565	76	3

（续表）

序号	站名	河长（km）	流域面积（km²）	平均比降（‰）	年平均降水深（mm）	年平均径流深（mm）	雨量站个数
36	刘三	29.2	126.7	0.9	568	87	2
37	英额门	19.1	126.0	6.1	742	241	4
38	清原（二）	43.0	519.2	3.8	768	258	8
39	湾甸子	21.3	131.7	7.4	763	279	1
40	敖家堡	17.1	117.7	10.1	795	295	2
41	四道河子（七）	78.4	848.2	4.4	781	294	9
42	南口前（二）	28.6	189.7	6.0	800	299	3
43	永陵（三）	44.4	1 154.3	3.5	779	297	13
44	新宾	16.9	116.2	11.0	774	292	2
45	五龙	17.8	81.1	13.4	815	265	1
46	二道河子	30.5	532.2	5.9	789	311	7
47	章党	39.6	321.4	3.1	776	234	6
48	救兵	20.5	118.5	13.0	790	250	2
49	古城子	37.8	303.3	3.0	741	223	8
50	李石	36.8	184.0	2.3	731	212	3
51	小西堡	31.4	104.2	1.3	708	194	1
52	东郭家窝棚	169.2	2 061.3	0.5	652	121	17
53	八栋房	32.0	309.1	0.6	636	117	2
54	卧龙	21.8	153.2	14.0	805	304	3
55	达道湾	14.9	99.2	1.4	708	145	7
56	碱厂	18.8	106.0	9.5	873	410	1
57	清河城	13.3	115.5	13.3	795	292	2
58	张家堡子	53.6	456.4	5.8	876	399	6
59	偏岭	29.9	195.2	6.5	767	244	4
60	三道河（二）	32.6	210.2	10.1	839	336	3
61	刁窝	37.4	251.3	7.5	789	303	3
62	六道河	24.1	170.8	6.8	775	273	1
63	大河南	41.6	281.8	1.4	729	200	4
64	陈相屯	39.8	475.5	2.6	747	218	6
65	孟柳	43.6	480.1	0.3	694	143	11
66	忠心堡	17.0	78.6	7.7	734	170	2

序号	站名	河长 （km）	流域面积 （km²）	平均比降 （‰）	年平均降水深 （mm）	年平均径流深 （mm）	雨量站 个数
67	柳河印	21.6	129.2	1.0	703	142	8
68	腾鳌堡	43.4	227.0	1.8	723	157	4
69	房身	21.4	83.9	7.0	731	166	2
70	石门岭	45.9	849.9	3.8	733	202	19
71	古城子	50.8	288.0	2.1	713	144	3
72	榆树	18.9	43.4	2.0	706	138	0
73	析木	22.8	214.2	4.4	725	182	4
74	牛庄（二）	81.6	1 237.6	1.8	723	180	28
75	景家堡	22.3	146.3	4.3	553	100	2
76	平房	44.3	299.7	8.0	503	88	4
77	八间房	30.7	415.8	7.3	468	69	5
78	大西山	35.4	304.9	5.4	549	110	7
79	桃花池	67.6	765.6	3.3	532	100	13
80	三台	36.9	244.8	7.4	500	86	5
81	公营子	36.6	987.8	5.9	465	61	22
82	小平房	23.1	675.2	8.1	461	59	14
83	丘杖子	24.0	242.4	11.4	464	57	3
84	白腰	53.5	456.7	6.2	460	68	7
85	骆驼营子	37.6	281.0	7.9	459	67	4
86	巴里营子	25.9	161.1	10.6	452	64	3
87	哈只海沟	32.9	213.5	9.1	455	66	3
88	细河堡	89.2	2 197.4	1.5	494	57	35
89	三家子	34.4	376.7	6.7	463	49	5
90	蒲草泡	61.6	403.2	3.8	490	62	4
91	双山子	18.2	103.2	9.4	499	68	3
92	胡家屯	85.6	1 373.3	2.3	521	115	18
93	松岭门	54.6	433.1	3.2	506	104	8
94	凌西桥	123.5	1 472.4	1.5	562	148	12
95	金厂堡	110.1	1 241.4	1.6	562	151	11
96	百股屯	29.9	222.4	4.5	557	112	3
97	大许	26.8	112.8	4.9	558	110	2

中小河流洪水预警预报技术研究与应用

（续表）

序号	站名	河长 （km）	流域面积 （km²）	平均比降 （‰）	年平均降水深 （mm）	年平均径流深 （mm）	雨量站 个数
98	连山河	20.3	120.9	6.0	581	156	1
99	五里河	20.5	118.0	3.6	593	155	1
100	凤龙咀子	26.5	179.2	4.6	605	205	2
101	尚家屯	40.8	311.8	3.2	611	202	4
102	西平坡	45.7	460.8	4.1	608	205	4
103	西甸子	73.0	512.6	3.3	664	243	5
104	九门台	44.7	266.1	5.1	688	266	2
105	刺榆屯	59.0	320.6	4.6	684	259	4
106	茨沟	36.2	358.3	1.6	700	149	7
107	大胡峪	7.0	21.1	25.3	715	217	0
108	前岗子	28.0	225.0	1.0	667	127	5
109	李官	35.1	376.9	3.8	687	221	6
110	三台子	116.4	1 174.9	1.5	671	218	10
111	石桥子	34.1	259.7	0.7	917	538	7
112	西北营子	40.6	235.4	5.6	832	365	3
113	蓝旗	41.0	249.3	5.1	900	414	4
114	石头岭	31.2	224.5	6.0	940	503	2
115	老虎洞	42.2	508.0	3.1	1 052	572	5
116	红旗	31.5	345.5	4.1	1 072	576	5
117	新立	46.8	245.6	2.8	930	507	6
118	西土城子	33.1	113.7	4.8	930	503	3
119	大姜家	22.7	208.8	1.5	894	497	4
120	转角楼水库	21.7	144.2	3.8	904	473	2
121	转角楼水库（坝下）	21.7	148.1	3.8	904	473	4
122	小孤山	77.9	819.2	2.5	895	431	10
123	小寺河	27.2	219.6	1.1	793	399	1
124	长岭	7.6	22.3	13.1	811	363	1
125	太平岭	29.2	219.4	3.8	871	415	2
126	薛屯	21.0	94.2	9.3	746	279	2
127	永胜	147.1	2 596.4	1.5	765	306	30
128	赞子河	27.8	184.6	1.9	709	293	0

序号	站名	河长(km)	流域面积(km²)	平均比降(‰)	年平均降水深(mm)	年平均径流深(mm)	雨量站个数
129	洼子店	89.6	912.2	1.2	684	253	7
130	唐家房	78.6	638.6	1.4	695	258	4
131	雹神庙	30.1	433.1	5.3	527	97	5
132	东庄	75.9	1 782.2	4.2	560	116	17
133	南山城	21.3	253.1	6.8	751	261	6

表 7.2-2　辽宁省参考站特征表

序号	站名	河长(km)	流域面积(km²)	平均比降(‰)	年平均降水深(mm)	年平均径流深(mm)	雨量站个数
1	八棵树	81.5	1 282.6	2.6	758.9	219.6	18
2	宝力镇(二)	124.0	1 427.4	0.7	594.3	96.1	20
3	北口前(二)	107.2	1 841.6	3.1	780.9	281.9	24
4	边沿子(三)	53.2	470.5	2.2	574.8	171.3	5
5	冰峪沟	35.9	261.5	6.0	893.8	389.9	1
6	草河(二)	137.4	1 855.6	1.8	942.3	463.4	18
7	柴河	88.9	1 122.0	1.9	789.7	241.1	11
8	大河泡(三)	125.7	1 247.6	0.7	668.8	136.5	11
9	登沙河	16.3	129.6	2.9	620.6	201.3	2
10	东陵(二)	18.6	56.2	2.7	712.7	174.1	2
11	东洲(二)	56.2	523.4	4.4	765.9	237.0	11
12	二道河子	49.1	505.2	4.5	785.6	273.7	4
13	复兴堡	116.7	2 930.8	1.5	501.9	61.5	47
14	缸窑口	119.8	2 229.8	1.7	520.2	114.1	33
15	耿王庄	50.4	529.8	3.3	751.6	207.4	4
16	公主屯	130.5	1 764.8	0.8	532.5	52.0	22
17	关家屯(二)	106.9	1 052.8	1.6	679.6	223.3	10
18	官粮窖	85.5	869.0	2.7	768.6	231.2	14
19	哈巴气(二)	67.2	1 871.7	4.7	486.0	77.2	16
20	海城(二)	57.8	1 014.5	2.9	729.8	190.0	23
21	郝家店	38.9	402.2	4.9	756.9	210.4	5
22	茧场	68.5	1 165.5	3.5	746.4	275.9	17
23	锦州	168.5	3 128.9	1.4	525.8	114.8	42

（续表）

序号	站名	河长 （km）	流域面积 （km²）	平均比降 （‰）	年平均降水深 （mm）	年平均径流深 （mm）	雨量站 个数
24	梨庇峪	52.9	407.3	6.6	773.9	288.7	5
25	立山（三）	26.2	315.0	4.7	737.3	175.4	7
26	凉水河子（二）	48.0	706.2	6.6	462.0	67.8	11
27	龙湾（二）	85.9	860.9	2.7	1 025.9	507.6	8
28	南甸（峪）	75.0	778.6	3.9	919.4	439.0	8
29	南章党（二）	30.3	333.5	8.9	808.9	257.2	6
30	平山	90.7	1 394.0	2.7	563.6	158.7	10
31	普乐堡	63.0	605.0	4.5	895.4	458.1	5
32	前烟台	91.0	1 074.4	1.1	727.0	201.3	16
33	桥头（二）	94.1	1 033.3	3.6	825.3	345.8	12
34	庆云堡	88.2	459.0	1.0	623.3	110.6	8
35	沙里涂	48.5	571.4	2.3	842.9	405.1	7
36	司屯	60.5	469.2	2.5	551.1	60.0	4
37	四道河子（三）	51.0	668.1	4.3	796.0	354.8	10
38	松树	79.2	1 181.2	2.3	719.9	180.6	16
39	太平哨	71.6	1 076.5	3.4	1 069.0	621.1	12
40	团山子	23.8	265.5	4.9	499.3	97.6	6
41	王宝庆（四）	136.1	2 167.3	0.7	558.9	78.7	9
42	望宝山	68.3	1 084.4	3.3	716.3	191.8	17
43	文家街	136.9	2 137.1	1.4	859.1	406.2	21
44	小荒地（三）	115.6	2 024.7	1.0	512.2	42.4	30
45	兴城（五）	50.2	572.0	2.5	596.4	187.4	4
46	熊岳	31.9	305.1	6.3	709.3	233.6	6
47	岫岩（四）	57.9	958.3	3.7	814.9	360.8	11
48	阎家窑	73.9	1 455.5	5.5	454.8	57.0	15
49	业主沟	80.9	1 521.2	1.8	784.1	317.2	12
50	叶柏寿（二）	15.9	192.2	11.2	461.4	63.7	6

（2）水文资料

共收集了50个参考站的水位、流量、降雨、蒸发逐日及摘录等长系列水文资料。

根据最近10年加历史最大3场洪水的原则，50个参考站分别选取了数量不等共883场洪水，为模型参数率定提供数据基础。

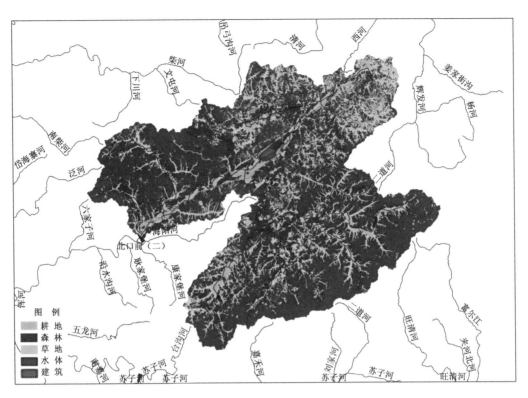

图 7.2-1　抚顺市清原县北口前(二)站流域内土地利用分布图

7.2.2　新安江模型预报方案

7.2.2.1　参考站新安江模型参数率定

在 50 个参考站中,选择适合新安江模型的 49 个参考站建立新安江模型,分别按全年日过程和场次洪水过程小时率定新安江模型参数,日模型模拟结果作为场次洪水模型参数率定的基础,模型率定结果见表 7.2-3。从日模型的模拟结果来看,49 个站中有 5 个站的确定性系数大于 0.9,22 个站的确定性系数大于 0.8,29 个站的确定性系数大于 0.7,38 个站的确定性系数大于 0.6;仅 7 个站的相对误差大于 20%,其余 42 个站的相对误差都小于 20%。从场次洪水模型的模拟结果来看,受雨量资料和水库调蓄的影响,49 个站中有 2 个站的合格率大于 90%,4 个站的合格率大于 80%,7 个站的合格率大于 70%,19 个站的合格率大于 60%。

表 7.2-3　参考站新安江模型模拟结果

测站名称	面积 （km²）	年平均 降水深 （mm）	年平均 径流深 （mm）	日过程		场次洪水过程	
				确定性 系数	相对误 差（%）	确定性 系数	合格率 （%）
宝力镇(二)	1 427.4	594.3	96.1	0.619	−0.895	−0.484	50.00
八棵树	1 282.6	758.9	219.6	0.929	0.739	0.825	80.00

（续表）

测站名称	面积（km²）	年平均降水深（mm）	年平均径流深（mm）	日过程		场次洪水过程	
				确定性系数	相对误差（%）	确定性系数	合格率（%）
北口前（二）	1 841.6	780.9	281.9	0.874	−4.913	0.931	92.31
冰峪沟	261.5	893.8	389.9	0.773	−3.751	0.690	75.00
草河（二）	1 855.6	942.3	463.4	0.861	−1.133	0.410	72.22
柴河	1 122.0	789.7	241.1	0.948	0.070	0.720	66.70
大河泡（三）	1 247.6	668.8	136.5	0.187	−0.082	−0.619	46.67
登沙河	129.6	620.8	201.3	0.604	−5.363	0.222	6.67
东陵（二）	56.2	712.7	174.1	0.667	−2.923	0.583	25.00
东洲（二）	523.4	765.9	237.0	0.824	−1.448	0.399	33.33
二道河子	505.2	785.7	273.7	0.674	−1.869	0.770	91.67
复兴堡	2 930.8	501.9	61.5	0.681	−37.875	−0.459	21.05
缸窑口	2 229.8	520.2	114.1	0.772	−24.334	0.301	33.33
耿王庄	529.8	751.6	207.4	0.950	−5.418	0.780	68.75
公主屯	1 764.8	532.5	52.0	−2.714	464.217	−1.76	53.85
关家屯（二）	1 052.8	679.6	223.3	0.570	−7.012	−0.001	41.18
官粮窖	869.0	768.6	231.2	0.823	−1.523	0.360	66.70
哈巴气（二）	1 871.7	486.0	77.2	0.548	−24.574	0.277	25.00
海城（二）	1 014.5	729.8	190.0	0.869	−5.480	0.440	68.75
郝家店	402.2	756.9	210.4	0.665	−24.280	0.652	62.50
茧场	1 165.5	746.4	275.9	0.887	3.259	0.345	55.56
锦州	3 128.9	525.8	114.8	0.865	−3.732	0.298	46.67
梨庇峪	407.3	773.9	288.7	0.553	−11.720	0.486	47.06
立山（三）	315.0	737.3	175.4	0.505	−19.760	−0.702	31.25
凉水河子（二）	706.2	462.0	67.8	0.455	−10.152	0.258	5.88
龙湾（二）	860.9	1 025.9	507.6	0.900	0.336	0.704	68.75
南甸（峪）	778.6	919.4	439.0	0.875	0.416	0.842	72.22
南章党（二）	333.5	808.9	257.2	0.506	−3.671	0.060	45.45
平山	1 394.0	563.6	158.7	0.772	−3.352	0.730	62.50
普乐堡	605.0	895.4	458.1	0.845	−14.047	0.730	66.70
前烟台	1 074.4	727.0	201.3	0.767	−2.944	−0.251	40.00
桥头（二）	1 033.3	825.3	345.8	0.842	−4.214	0.609	68.42

（续表）

第七章　洪水预警预报技术在辽宁中小河流的应用

测站名称	面积（km²）	年平均降水深（mm）	年平均径流深（mm）	日过程		场次洪水过程	
				确定性系数	相对误差（%）	确定性系数	合格率（%）
庆云堡	459.0	623.3	110.6	0.691	−0.870	−0.526	28.57
沙里涂	571.4	842.9	405.1	0.746	−0.637	0.221	52.63
司屯	469.2	551.1	60.0	0.855	−18.274	0.499	16.67
四道河子（三）	668.1	796.0	354.8	0.851	−0.668	0.807	66.67
松树	1 181.2	719.9	180.6	0.910	0.502	0.527	52.63
太平哨	1 076.5	1 069.0	621.1	0.876	−2.751	0.830	87.50
团山子	265.5	499.3	97.6	0.828	0.210	0.070	18.75
王宝庆（四）	2 167.3	558.9	78.7	0.512	−11.713	−0.608	31.25
望宝山	1 084.4	716.3	191.8	0.601	7.320	0.096	38.46
文家街	2 137.1	859.1	406.2	0.892	−5.384	0.598	66.67
小荒地（三）	2 024.7	512.2	42.4	−3.877	537.041	−0.555	31.25
兴城（五）	572.0	596.4	187.4	0.442	−2.526	0.613	58.33
熊岳	305.1	709.3	233.6	0.709	2.176	−0.072	41.18
岫岩（四）	958.3	814.9	360.8	0.866	−2.371	0.667	66.67
阎家窑	1 455.5	454.8	57.0	0.619	−56.253	−0.033	6.25
业主沟	1 521.2	784.1	317.2	0.815	0.126	0.575	44.44
叶柏寿（二）	192.2	461.4	63.7	0.751	1.771	−0.65	5.56

在新安江模型参数移植中,将登沙河、复兴堡、公主屯、哈巴气(二)、凉水河子(二)、团山子、小荒地(三)、阎家窑、叶柏寿(二)等9个模拟精度较低的参考站剔除,实际用于参数移植的参考站为40个。

从场次洪水过程的模拟结果来看,新安江模型在辽宁省东部地区参考站的模拟结果较好,而西部地区的模拟结果较差,这与气候特征分布相一致。辽宁省东部地区较湿润,年降水量在800 mm左右,属于湿润和半湿润地区,产流以蓄满产流为主,这与新安江模型的产流结构相一致,新安江模型适用于东部地区。而辽宁省西部地区较干旱,年降水量在500 mm左右,水面蒸发非常大,产流以超渗产流为主,新安江模型不适用于西部地区。在东部地区,有些参考站的日过程模拟效果较好,而场次洪水过程的模拟效果较差,这主要是因为流域内有很多水库,场次洪水过程受水库调节影响很大,从而使得模型模拟的洪水过程与实测洪水过程差异较大。

以八棵树站为例,模型参数及模拟结果如下所示。

八棵树站的流域概况见图7.2-2。八棵树站共收集2001—2011年的日过程资料和15场洪水资料进行模型调参和率定。率定的日模型参数和场次洪水模型参数分别见表7.2-4和表7.2-5。

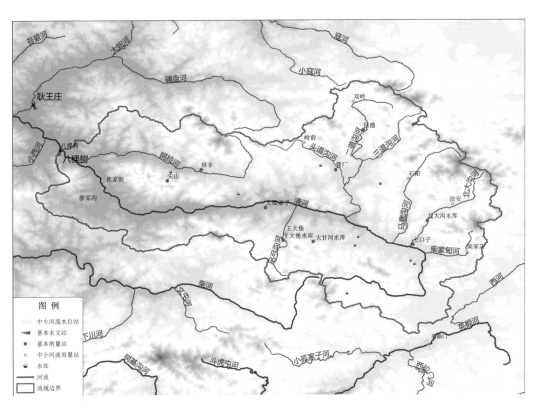

图 7.2-2 八棵树站断面以上流域概况

表 7.2-4 八棵树站日模型参数表

参数	KC	UM	LM	C	WM	B	IM	SM
取值	0.564	20	56	0.173	115	0.277	0.017	33.496
参数	EX	KG	KI	CS	CI	CG	CR	L
取值	1.009	0.176	0.206	0.122	0.796	0.996	0.38	1

表 7.2-5 八棵树站场次洪水模型参数表

参数	KC	UM	LM	C	WM	B	IM	SM
取值	0.564	20	56	0.173	115	0.277	0.017	77.715
参数	EX	KG	KI	CS	CI	CG	CR	L
取值	1.071	0.341	0.226	0.091	0.303	0.97	0.671	3

八棵树站日模型确定性系数为 0.93,相对误差为 0.74 %。以 2008 年为例,图 7.2-3 给出了八棵树站观测和模拟的日过程流量模拟结果。

八棵树站场次洪水模型确定性系数为 0.825,合格率为 80%,场次洪水过程模拟结果见表 7.2-6 和图 7.2-4。

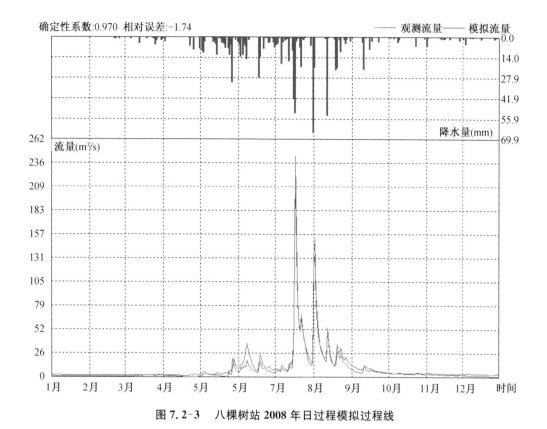

图 7.2-3　八棵树站 2008 年日过程模拟过程线

表 7.2-6　八棵树站场次洪水新安江模型模拟结果表

洪水编号	确定性系数	洪量误差（%）	洪峰误差（%）	峰现时间误差（h）
19850802	0.776	−11.59	−14.70	−6
19910728	0.831	−13.15	1.36	−9
19940815	0.922	−3.68	−13.73	0
19950728	0.877	−2.00	−19.37	−1
19960810	0.673	−17.34	−14.81	−3
20010802	0.889	7.28	9.04	5
20030727	0.885	−13.74	−17.72	4
20040729	0.963	1.41	9.54	1
20050812	0.670	−2.16	−17.10	5
20060801	0.825	3.52	33.70	1
20070808	0.718	2.13	33.42	−4

（续表）

洪水编号	确定性系数	洪量误差(%)	洪峰误差(%)	峰现时间误差(h)
20080715	0.838	15.81	11.69	2
20080731	0.836	6.87	31.52	4
20100721	0.781	−4.97	−14.42	−3
20100805	0.890	7.32	7.56	−3

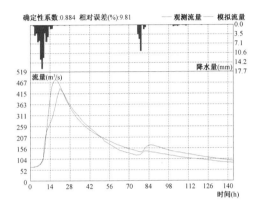

(a) 20100805 号洪水

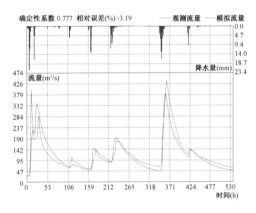

(b) 20100721 号洪水

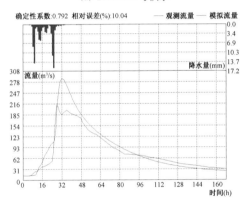

(c) 20080731 号洪水

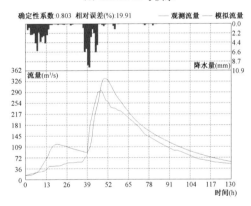

(d) 20080715 号洪水

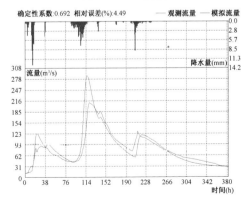

(e) 20070808 号洪水

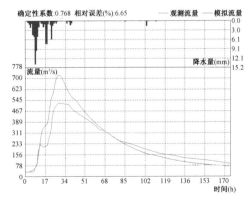

(f) 2060801 号洪水

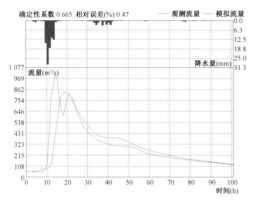

（g）200500812号洪水

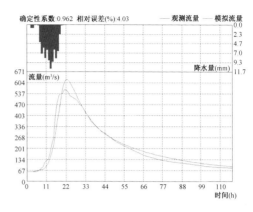

（h）20040729号洪水

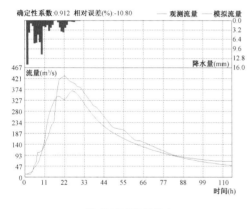

（i）20030727号洪水

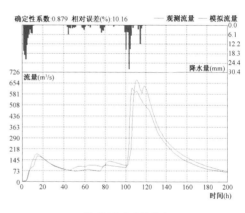

（j）20010802号洪水

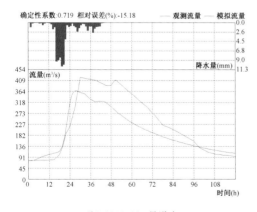

（k）19960810号洪水

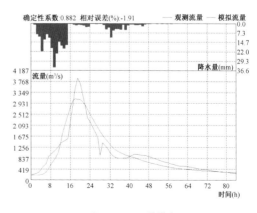

（l）19950728号洪水

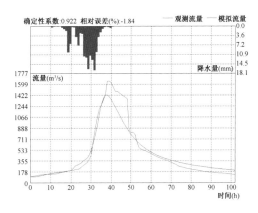

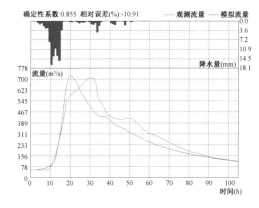

(m) 19940815 号洪水　　　　　　　　　　　　　　(n) 19910728 号洪水

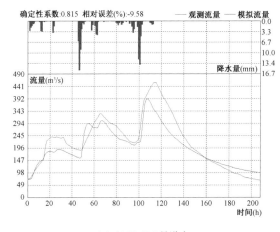

(o) 19850802 号洪水

图 7.2-4　八棵树站场次洪水新安江模型模拟结果图

7.2.2.2　新安江模型参数移植

　　采用基于相似流域的参数移植方法来估计中小河流站的新安江模型参数。通过前面的分析可以看到,新安江模型适用于辽宁省东部地区,不适用于西部地区。因此,只研究东部地区 84 个中小河流站的新安江模型参数移植方法,参考站使用洪水预报合格率大于60% 的 19 个参考站。新安江模型的结构分为产流和汇流两个部分,不同的流域特征在产汇流中的控制作用不相同。因此,分别从产流过程和汇流过程两个方面识别相似流域进行参数移植。

　　(1) 产流参数移植。在新安江模型中,控制产流的参数见表 7.2-7。产流表示流域降水产生径流的能力,它主要受流域的气候、植被和土壤等属性综合控制。一般认为空间上相近的流域具有相似的气候、植被和土壤等属性,因此将空间最近的流域作为相似流域进行产流参数移植。其移用关系见表 7.2-9,详细的模型参数见预报方案。

　　(2) 汇流参数移植。在新安江模型中,控制汇流的参数见表 7.2-8。汇流表示产流在流域内汇集到流域出口断面的快慢,它主要受流域的面积、坡度等属性综合控制。因此,综合考虑面积和坡度两个指标来识别相似流域进行汇流参数移植。其具体的计算方法是分别计算中小河流站与每个参考站之间的面积和坡度两个指标的相对误差,将这两个指标相对误差绝对值的和作为中小河流站与参考站之间的物理距离,将物理距离最小的参考站定义为相似流域站,进行汇流参数移植。其移用关系见表7.2-9,详细的模型参数见预报方案。

表7.2-7 新安江模型产流参数表

参数	物理意义	参数	物理意义
KC	蒸散发折算系数	IM	不透水面积比例
WUM	上层张力水容量	SM	流域自由水蓄水容量
WLM	下层张力水容量	EX	流域自由水容量分布曲线指数
C	深层蒸散发扩散系数	KG	地下水出流系数
WM	流域张力水容量	KI	壤中流出流系数
B	流域蓄水容量分布曲线指数		

表7.2-8 新安江模型汇流参数表

参数	物理意义	参数	物理意义
CS	地表径流消退系数	CR	河网蓄水消退系数
CI	壤中流消退系数	L	河网滞时
CG	地下径流消退系数		

表7.2-9 中小河流站模型参数移用关系

测站名称	产流参考流域	汇流参考流域
东大道	北口前(二)	耿王庄
旺清门	四道河子(三)	耿王庄
华尖子	四道河子(三)	冰峪沟
二户来	四道河子(三)	普乐堡
八里甸子	普乐堡	冰峪沟
小城子	太平哨	冰峪沟
泡子沿	太平哨	耿王庄
五道岭子	太平哨	耿王庄
庙沟	太平哨	耿王庄
虎山	龙湾(二)	冰峪沟
白菜地	草河(二)	柴河
茨林子	龙湾(二)	柴河
三台子	草河(二)	冰峪沟

（续表）

测站名称	产流参考流域	汇流参考流域
汤山城	草河（二）	冰峪沟
武营	草河（二）	柴河
老道排	太平哨	冰峪沟
蒲石河电站	龙湾（二）	柴河
石山	官粮窖	耿王庄
吴家	官粮窖	冰峪沟
顺德	耿王庄	冰峪沟
威远堡	耿王庄	草河（二）
二寨子	柴河	冰峪沟
英额门	北口前（二）	冰峪沟
清原（二）	北口前（二）	耿王庄
湾甸子	北口前（二）	耿王庄
敖家堡	北口前（二）	冰峪沟
四道河子（七）	北口前（二）	柴河
南口前（二）	北口前（二）	冰峪沟
永陵（三）	北口前（二）	柴河
新宾	四道河子（三）	冰峪沟
五龙	南甸（峪）	冰峪沟
二道河子	北口前（二）	二道河子
章党	柴河	耿王庄
救兵	南甸（峪）	冰峪沟
古城子	官粮窖	耿王庄
李石	官粮窖	冰峪沟
小西堡	桥头（二）	耿王庄
东郭家窝棚	海城（二）	文家街
八栋房	官粮窖	柴河
卧龙	桥头（二）	冰峪沟
达道湾	海城（二）	耿王庄
碱厂	南甸（峪）	冰峪沟
清河城	南甸（峪）	冰峪沟

测站名称	产流参考流域	汇流参考流域
张家堡子	南甸(峪)	郝家店
偏岭	桥头(二)	冰峪沟
三道河(二)	桥头(二)	冰峪沟
刁窝	二道河子	冰峪沟
六道河	郝家店	冰峪沟
大河南	桥头(二)	耿王庄
陈相屯	桥头(二)	柴河
孟柳	海城(二)	文家街
忠心堡	郝家店	冰峪沟
柳河印	海城(二)	耿王庄
房身	海城(二)	冰峪沟
石门岭	海城(二)	柴河
古城子	海城(二)	耿王庄
榆树	海城(二)	冰峪沟
析木	海城(二)	冰峪沟
牛庄(二)	海城(二)	柴河
茨沟	海城(二)	耿王庄
大胡峪	海城(二)	冰峪沟
前岗子	海城(二)	耿王庄
李官	冰峪沟	耿王庄
三台子	冰峪沟	柴河
石桥子	文家街	耿王庄
西北营子	岫岩(四)	冰峪沟
蓝旗	岫岩(四)	冰峪沟
石头岭	文家街	冰峪沟
老虎洞	文家街	耿王庄
红旗	文家街	耿王庄
新立	文家街	耿王庄
西土城子	文家街	冰峪沟
大姜家	文家街	耿王庄

测站名称	产流参考流域	汇流参考流域
转角楼水库	冰峪沟	耿王庄
转角楼水库(坝下)	冰峪沟	耿王庄
小孤山	冰峪沟	龙湾(二)
小寺河	冰峪沟	耿王庄
长岭	冰峪沟	冰峪沟
太平岭	冰峪沟	耿王庄
薛屯	冰峪沟	冰峪沟
永胜	冰峪沟	文家街
赞子河	冰峪沟	耿王庄
洼子店	冰峪沟	柴河
唐家房	冰峪沟	柴河

7.2.3 陕北模型预报方案

7.2.3.1 参考站陕北模型参数率定

以沿黄渤海西部诸河水系兴城(五)站为例说明陕北模型参数率定过程。

兴城(五)站位于辽宁省葫芦岛市兴城市羊安镇刘八斗村,距离兴城市约 1.3 km,地理位置为东经 120°40′39.0″,北纬 40°37′29.0″,站点以上控制流域集水面积为 572 km²,站点以上河流长度为 50.2 km,河流比降为 2.5 ‰。流域多年平均降水深为 596 mm,多年平均径流深为 187 mm;最大高程为 581 m,最小高程为 31 m,平均高程为 143 m。

该站所在河流为兴城河,属沿黄渤海西部诸河水系。兴城河发源于辽宁省兴城市郭家满族镇陈家村,流域面积为 697 km²,河长 56.7 km。河源高程为 256 m,河流比降为 2.2 ‰。

兴城(五)站以上控制流域土地利用类型以耕地为主,占 50.85%,草地、林地分别为 24.51% 和 18.21%,详见表 7.2-10 和图 7.2-5。

表 7.2-10　兴城(五)流域土地利用分类面积比统计表

土地利用类型	耕地	林地	草地	水体	建筑
百分比(%)	50.85	18.21	24.51	0.16	6.27

预报断面以上流域内有雨量站 4 个,分别是旧门、王炉锅屯、红崖子、兴城,详见图 7.2-6。

选用兴城(五)站 1959 年到 2011 年 12 场洪水资料进行模型调参和率定。陕北模型适用于干旱半干旱超渗产流地区,基于超渗产流机理,其对雨强敏感,所以计算时段不能取得太长。但受限于资料条件,时段选用 1 h,对预报精度有影响。

模型参数和率定结果见表 7.2-11、表 7.2-12 和图 7.2-7。

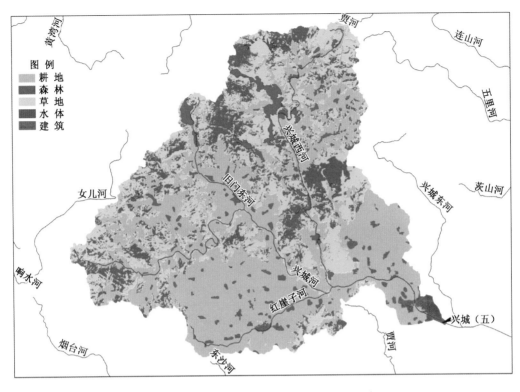

图 7.2-5　兴城(五)站以上流域土地利用分布图

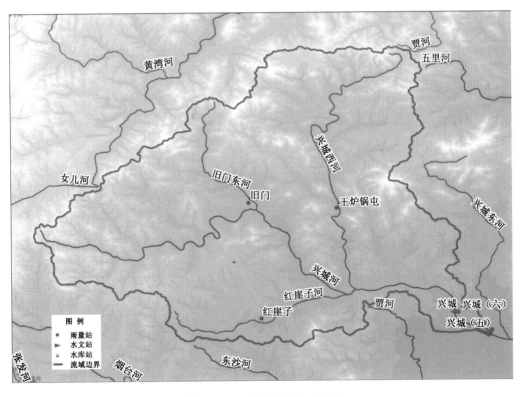

图 7.2-6　兴城(五)站水系图

表 7.2-11 兴城(五)站洪水模型参数(1 h)

参数符号	F_0	fc	k	B	FB
参数意义	初始下渗率(mm/min)	稳定下渗率(mm/min)	随土质而变的系数	流域水容量-面积分布曲线方次	不透水面积占全流域面积的比例
参数值	185	10	2.4	1	0.2

表 7.2-12 兴城(五)站无因次汇流单位线(1 h)

时段	值	时段	值	时段	值	时段	值	时段	值
1	0	6	0.175 70	11	0.024 40	16	0.001 19	21	0.000 04
2	0.008 77	7	0.139 68	12	0.014 02	17	0.000 60	22	0.000 02
3	0.073 29	8	0.099 63	13	0.007 82	18	0.000 31	23	0.000 01
4	0.153 16	9	0.065 77	14	0.004 26	19	0.000 16		
5	0.187 82	10	0.040 97	15	0.002 27	20	0.000 08		

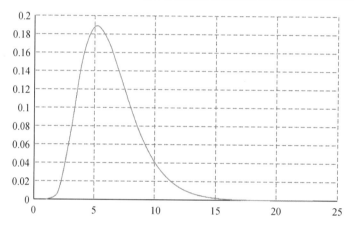

图 7.2-7 兴城(五)站无因次汇流单位线(1 h)

兴城(五)站场次洪水过程模拟结果见表 7.2-13 和图 7.2-8。

表 7.2-13 兴城(五)站场次洪水陕北模型模拟结果(1 h)

洪号	预报洪峰(m³/s)	实测洪峰(m³/s)	预报洪量(万 m³)	实测洪量(万 m³)	预报峰现时间(h)	实测峰现时间(h)	确定性系数
19590731	1 610	1 320	11 252	13 241	23	21	-0.11
19640727	1 136	997	11 167	21 039	26	26	0.46
19640812	1 179	1 670	9 787	19 760	24	23	0.75
19690821	1 766	2 180	12 663	22 170	16	15	0.76
19690902	1 216	1 850	8 618	15 546	10	9	0.63
19770722	959	997	25 334	46 558	47	46	0.55

洪号	预报洪峰（m³/s）	实测洪峰（m³/s）	预报洪量（万 m³）	实测洪量（万 m³）	预报峰现时间(h)	实测峰现时间(h)	确定性系数
19910728	2 743	2 380	18 107	22 111	11	11	0.93
19980724	1 262	1 530	9 386	20 339	14	15	0.66
20000809	416	950	2 577	6 365	8	7	0.56
20060629	686	610	4 882	3 197	9	7	−1.05
20100804	1 394	1 300	6 800	13 541	15	14	0.61
20110725	393	365	5 998	13 986	132	7	−0.91

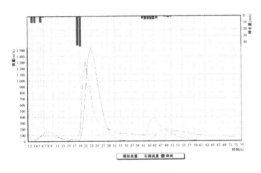

(a) 19590731 号洪水

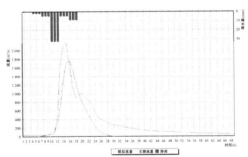

(b) 19640727 号洪水

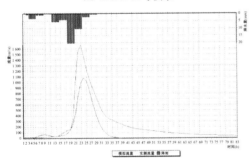

(c) 19640812 号洪水

(d) 19690821 号洪水

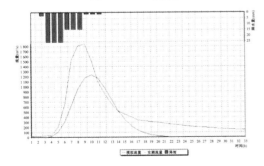

(e) 19690902 号洪水

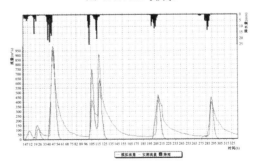

(f) 19770722 号洪水

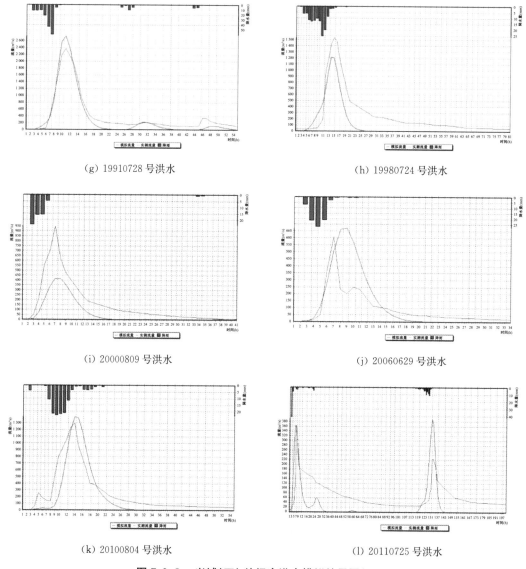

(g) 19910728 号洪水   (h) 19980724 号洪水

(i) 20000809 号洪水   (j) 20060629 号洪水

(k) 20100804 号洪水   (l) 20110725 号洪水

图 7.2-8 兴城(五)站场次洪水模拟结果图(1 h)

7.2.3.2 陕北模型参数移植

陕北模型采用主成分聚类分析法移植模型参数,首先应用主成分分析对流域特征值进行预处理,进而识别辽宁省中小河流预报断面与参考站之间的相似流域。

选择辽宁省具有多年降水资料的 50 个参考站和 133 个中小河流站进行聚类研究,计算流域特征指标之间的相关性,其相关系数见表 7.2-14。由该表可见,一些流域特征指标之间存在一定相关性,相关程度最大的是年平均降水深与年平均径流深,为 0.953。森林率与年平均降水深、年平均径流深也具有较高相关性,分别为 0.782 和 0.743。

计算各成分特征值、贡献率及累积贡献率,其中两个成分的方差值大于 1,所以选取 $z1$、$z2$ 为主成分。表 7.2-15 为原 7 个流域指标在 2 个主成分上的荷载值。

荷载值反映了所取主成分与原始指标之间的关系,反映了各指标对选取的主成分所起的作用。其中河长对主成分2影响最大。

表 7.2-14　辽宁省流域特征指标相关系数矩阵表

参数	河长(km)	流域面积(km²)	流域形状系数	森林率(%)	平均比降(‰)	年平均降水深(mm)	年平均径流深(mm)
河长(km)	1.000	0.885	−0.503	−0.081	−0.387	−0.084	−0.069
流域面积(km²)	0.885	1.000	−0.216	−0.111	−0.312	−0.184	−0.158
流域形状系数	−0.503	−0.216	1.000	0.000	0.350	−0.109	−0.076
森林率(%)	−0.081	−0.111	0.000	1.000	0.341	0.782	0.743
平均比降(‰)	−0.387	−0.312	0.350	0.341	1.000	−0.004	0.038
年平均降水深(mm)	−0.084	−0.184	−0.109	0.782	−0.004	1.000	0.953
年平均径流深(mm)	−0.069	−0.158	−0.076	0.743	0.038	0.953	1.000

表 7.2-15　辽宁省流域特征指标主成分荷载值矩阵表

流域指标	主成分1	主成分2
河长(km)	−0.501	0.793
流域面积(km²)	−0.538	0.643
流域形状系数	0.191	−0.642
森林率(%)	0.827	0.332
平均比降(‰)	0.401	−0.487
年平均降水深(mm)	0.849	0.473
年平均径流深(mm)	0.837	0.461

计算2个新的主成分在各流域上的得分,从而对新样本进行系统聚类分析,得到其系统聚类分析树状图。将辽宁省50个参考站和133个中小河流站划分为7个相似组,其中组内站数最少的2个,最多的69个。具体分类结果见表7.2-16。

表 7.2-16　辽宁省参考站和中小河流站分类结果

组别		测站名称
	参考站	冰峪沟、东陵(二)、东洲(二)、二道河子、耿王庄、海城(二)、郝家店、梨庇峪、立山(三)、南章党(二)、沙里涂、四道河子(三)、熊岳、岫岩(四)
1	中小河流站	南山城、东大道、旺清门、华尖子、二户来、八里甸子、石山、吴家、顺德、英额门、清原、湾甸子、敖家堡、南口前、永陵、新宾、五龙、二道河子、章党、救兵、古城子、李石、小西堡、卧龙、碱厂、清河城、偏岭、三道河、刁窝、六道河、大河南、陈相屯、忠心堡、腾鳌堡、房身、石门岭、古城子、析木、九门台、刺榆屯、茨沟、大胡峪、李官、石桥子、西北营子、蓝旗、石头岭、大姜家、转角楼水库、转角楼水库(坝下)、小寺河、长岭、太平岭、薛屯、赞子河
2	参考站	边沿子(三)、登沙河、哈巴气(二)、凉水河子(二)、平山、庆云堡、司屯、团山子、兴城(五)、阎家窑

(续表)

组别		测站名称
2	中小河流站	二社、二寨子、魏家窝堡、范家、南长、隋荒地、马帐房、五家子、兴隆山、欢喜岭、大虎山、中安堡、沟帮子、刘三、八栋房、达道湾、孟柳、柳河印、榆树、景家堡、平房、八间房、大西山、桃花池、三台、公营子、丘杖子、白腰、骆驼营子、巴里营子、哈只海沟、三家子、蒲草泡、双山子、胡家屯、松岭门、百股屯、大许、连山河、五里河、凤龙咀子、尚家屯、西平坡、前岗子、雹神庙、东庄
3	参考站	宝力镇(二)、大河泡(三)、复兴堡、缸窑口、公主屯、锦州、王宝庆(四)、小荒地(三)
	中小河流站	丰源、东郭家窝棚、细河堡、凌西桥、金厂堡
4	参考站	八棵树、北口前(二)、柴河、关家屯(二)、官粮窖、茧场、前烟台、桥头(二)、松树、望宝山、业主沟
	中小河流站	威远堡、四道河子、牛庄(二)、西甸子、三台子、小孤山、洼子店、唐家房
5	参考站	草河(二)、文家街
	中小河流站	永胜
6	参考站	龙湾(二)、南甸(峪)、普乐堡、太平哨
	中小河流站	小城子、泡子沿、五道岭子、庙沟、虎山、白菜地、茨林子、三台子、汤山城、武营、老道排、蒲石河电站、张家堡子、老虎洞、红旗、新立、西土城子
7	参考站	叶柏寿(二)
	中小河流站	小平房

根据聚类分析结果,结合辽宁省内水文站分布,可知在一个相似组内,部分站点具有地理位置邻近的特性,但同时也有站点地理位置相距较远,不具备地理相似性。如凌西桥站与金厂堡站所控制的流域均位于辽宁省西南地区,两控制站距离较近;而宝力镇(二)站所控制流域位于辽宁省北部地区,与凌西桥站地理位置相距较远。

根据上述分类结果,相似流域组内均按照相近原则组成,在应用瞬时单位线等方法进行洪水预报时,将组内已知参数的流域数据应用于未知参数的流域,增加其预报的准确度。将 11 个参考站陕北模型参数移植到辽宁省西部地区 33 个中小河流站。参考站与中小河流站参数移植关系见表 7.2-17。其中景家堡站、双山子站、蒲草泡站、三家子站与复兴堡虽不属于一类,但与其在一类的其他参考站都距离较远,此次参数移植仅移植产流参数,因而选用邻近的复兴堡站。

以连山河站为例说明参数移植情况。

连山河站位于辽宁省葫芦岛市连山县沙河营子镇西乌朝屯村,地理位置为东经 $120°48'34''$、北纬 $40°48'01''$,站点以上控制流域集水面积为 121 km²,站点以上河流长度为 20.3 km,河流比降为 6.0‰。流域多年平均降水深为 581 mm,多年平均径流深为 156 mm;最大高程为 866 m,最小高程为 27.4 m,平均高程为 132 m。

该站所在河流为连山河,属沿黄渤海西部诸河水系。连山河发源于辽宁省葫芦岛连山区沙河营乡上喂牛场村,流域面积为 186 km²,河长 34.4 km;河源高程为 480 m,河流比降为 3.4‰。

表 7.2-17　参照站与中小河流站对应表

参考站	中小河流站
叶柏寿(二)	小平房
哈巴气(二)	八间房、平房、三台、桃花池、大西山、鲍神庙、东庄
平山	西平坡、九门台、刺榆屯、西甸子
兴城(五)	连山河、五里河、龙凤咀子、尚家屯
锦州	金厂堡、凌西桥
复兴堡	细河堡、景家堡、双山子、蒲草泡、三家子
凉水河子(二)	巴里营子、哈只海沟、骆驼营子、白腰
团山子	胡家屯
缸窑口	松岭门
阎家窑	丘杖子、公营子
边沿子	大许、百股屯

连山河站以上控制流域土地利用类型以耕地为主，占 61.03%，草地、林地分别为 26.27% 和 6.75%，详见表 7.2-18 和图 7.2-9。

表 7.2-18　连山河流域土地利用分类面积比统计表

土地利用类型	耕地	林地	草地	建筑
百分比(%)	61.03	6.75	26.27	5.95

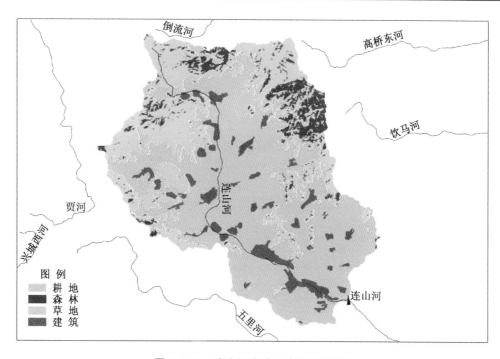

图 7.2-9　连山河流域土地利用分类图

预报断面以上流域内有雨量站 1 个,为连山河站,详见图 7.2-10。

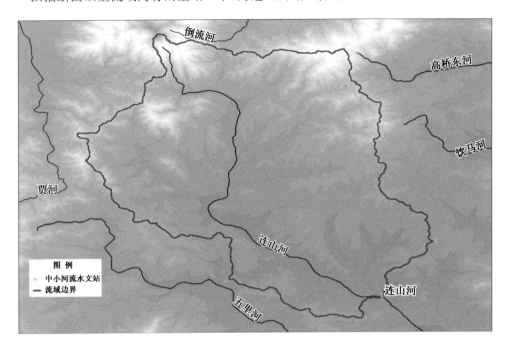

图 7.2-10　连山河流域水系图

根据表 7.2-17 中陕北模型参考站与中小河流站对应关系,连山河站陕北模型参数移用参考站兴城(五)站模型参数,因此连山河站陕北模型产流参数见表 7.2-19,汇流曲线如图 7.2-11 所示。

表 7.2-19　连山河站洪水模型参数(1 h)

参数符号	F_0	fc	k	B	FB
参数意义	初始下渗率 (mm/min)	稳定下渗率 (mm/min)	随土质而变的系数	流域水容量-面积分布曲线方次	不透水面积占全流域面积的比例
参数值	185	10	2.4	1	0.2

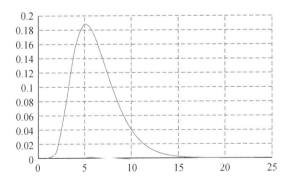

图 7.2-11　连山河站无因次汇流单位线(1 h)

7.2.4　TOPMODEL 模型预报方案

7.2.4.1　参考站 TOPMODEL 模型参数率定

TOPMODEL 模型产流以蓄满产流为主,适用于湿润地区,所以选择辽宁省中东部 30 个参考站进行 TOPMODEL 模型参数率定。

在进行参数率定时,先运行日模型以获取场次洪水开始计算时的初始条件,包括植被根系区的土壤缺水深、非饱和区土壤含水量、初始壤中流和平均地下水位深;然后依据优化参数以及初始条件进行洪水的模拟计算。

根据各典型流域土壤、地形等实际状况,确定模型参数的变化范围,然后进行手工调试,初步确定模型参数初值,在此基础上,采用并行 PSO 优化算法,优选相对较优的模型参数。模型输入数据,数据主要包括降雨、蒸发、径流等气象水文数据、地形指数分布和距离-累积面积比曲线数据。

1）参数率定结果

30 个参考站 TOPMODEL 模型参数率定结果见表 7.2-20。从模拟结果来看,受雨量资料和水库调蓄的影响,30 个站中峰现时间合格率较好,28 个站都大于 80%;19 个站的洪峰合格率大于 60%,其中 14 个站洪峰合格率大于 70%;22 个站洪量合格率大于 60%,其中 8 个站的洪量合格率大于 85%;21 个站的确定性系数均值大于 0.50,其中 12 个站的确定性系数均值大于 0.70。

表 7.2-20　参考站 TOPMODEL 模型模拟结果

测站名称	洪峰合格率（%）	峰现时间合格率（%）	洪量合格率（%）	确定性系数均值
业主沟	73.68	94.74	78.95	0.74
东洲（二）	41.67	91.67	50.00	0.40
东陵（二）	52.94	82.35	64.71	0.76
二道河子	66.67	91.67	91.67	0.78
八棵树	75.00	93.75	75.00	0.61
关家屯（二）	62.50	87.50	62.50	0.48
冰峪沟	77.78	88.89	88.89	0.75
前烟台	56.25	81.25	37.50	0.18
北口前（二）	71.43	100.00	85.71	0.78
南甸（峪）	70.00	95.00	80.00	0.71
南章党（二）	69.23	76.92	84.62	0.68
四道河子（三）	72.22	94.44	77.78	0.79
大河泡（三）	56.25	81.25	56.25	0.31
太平哨	75.00	100.00	85.00	0.84
岫岩（四）	68.75	100.00	68.75	0.69
文家街	77.78	83.33	66.67	0.58
望宝山	26.67	80.00	26.67	0.16

（续表）

测站名称	洪峰合格率(%)	峰现时间合格率(%)	洪量合格率(%)	确定性系数均值
松树	83.33	88.89	72.22	0.70
柴河	78.57	100.00	85.71	0.72
桥头(二)	75.00	90.00	85.00	0.68
梨庇峪	47.37	78.95	68.42	0.54
沙里涂	23.81	85.71	38.10	0.38
海城(二)	52.94	100.00	64.71	0.48
熊岳	44.44	94.44	50.00	0.55
立山(三)	41.18	88.24	52.94	0.42
耿王庄	76.47	94.12	88.24	0.80
茧场	15.00	85.00	20.00	0.29
草河(二)	70.00	80.00	75.00	0.68
郝家店	61.11	88.89	66.67	0.56
龙湾(二)	75.00	100.00	90.00	0.77

2）典型站率定结果

以四道河子(三)站为例，TOPMODEL 模型的参数率定结果如下。

（1）流域概况

本溪市桓仁县四道河子(三)站流域面积为 668 km^2，所在流域中没有水库，10 个雨量站分别为四道河子、二户来、华尖子、大恩堡、木盂子、高台子、大甸子、高俭地、华尖子、铧尖子水库。流域内存在中小河流站华尖子站和二户来站，见图 7.2-12。

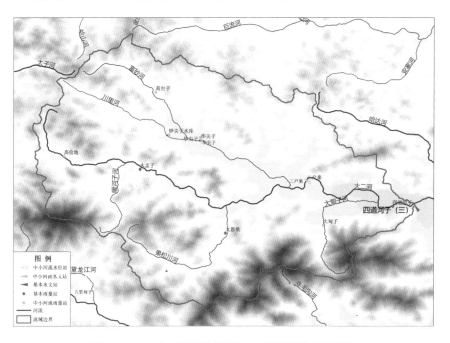

图 7.2-12　大二河四道河子(三)站断面以上流域图

（2）模型参数确定

根据该流域的降雨、蒸发、径流、DEM等数据，选取18场洪水资料对模型的参数进行率定和验证，最后确定的洪水预报模型参数见表7.2-21。

表7.2-21　大二河四道河子（三）站TOPMODEL模型参数表

S_{zm}	T_0	S_{rmax}	T_d	CH_v	R_v
0.033 7	1.997 4	0.1	0.148 5	7 544	5 313

（3）模型的模拟结果

场次洪水的模拟统计结果见表7.2-22，洪水模拟和实测过程线见图7.2-13。

表7.2-22　大二河四道河子（三）站TOPMODEL模型率定结果表

洪号	总降水量（mm）	实测洪峰（m³/s）	预报洪峰（m³/s）	洪峰相对误差（%）	峰现时间误差（h）	洪量相对误差（%）	确定性系数
19600802	303.0	2 498.9	2 005.5	−19.74	5	15.94	0.85
19710801	177.4	600.0	637.4	6.24	−1	3.30	0.89
19730716	106.2	725.0	431.3	−40.52	3	−14.70	0.64
19730826	135.8	346.0	315.4	−8.85	−2	−2.01	0.88
19770802	121.4	1 090.0	808.4	−25.83	2	13.85	0.90
19850802	171.3	478.0	558.6	16.87	1	12.34	0.87
19850813	220.3	460.0	390.6	−15.08	1	1.69	0.91
19850814	188.4	460.0	387.0	−15.88	1	−2.14	0.88
19860729	262.1	846.3	856.2	1.17	2	11.20	0.93
19890723	94.8	632.0	537.4	−14.96	2	9.74	0.89
19910728	119.7	410.0	369.6	−9.86	1	19.27	0.86
19950806	128.4	940.0	674.9	−28.20	3	0.82	0.89
20010728	123.8	448.0	372.3	−16.90	2	40.42	0.72
20070810	189.8	208.0	270.4	30.00	1	42.70	0.25
20070811	159.5	208.0	269.9	29.76	1	40.27	0.37
20080731	80.5	215.0	256.3	19.18	1	26.17	0.71
20100805	175.6	413.0	356.8	−13.61	0	3.51	0.85
20100819	201.3	596.0	601.3	0.89	51	6.81	0.89

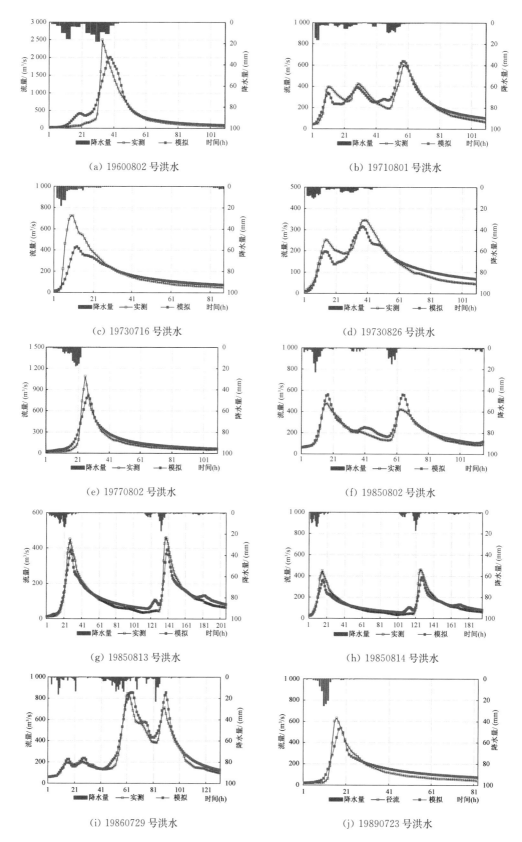

(a) 19600802 号洪水

(b) 19710801 号洪水

(c) 19730716 号洪水

(d) 19730826 号洪水

(e) 19770802 号洪水

(f) 19850802 号洪水

(g) 19850813 号洪水

(h) 19850814 号洪水

(i) 19860729 号洪水

(j) 19890723 号洪水

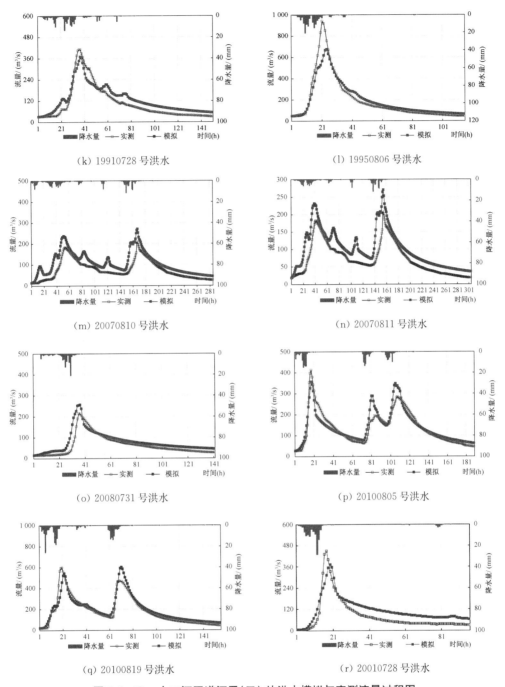

(k) 19910728 号洪水　　　　　　　　　　(l) 19950806 号洪水

(m) 20070810 号洪水　　　　　　　　　　(n) 20070811 号洪水

(o) 20080731 号洪水　　　　　　　　　　(p) 20100805 号洪水

(q) 20100819 号洪水　　　　　　　　　　(r) 20010728 号洪水

图 7.2-13　大二河四道河子(三)站洪水模拟与实测流量过程图

从模拟结果来看,18 场洪水的洪峰合格率为 72.22%;峰现时间合格率为 94.44%;洪量合格率为 77.78%;确定性系数均值为 0.79,其中 16 场洪水超过 0.50,15 场洪水超过 0.70,3 场洪水超过 0.90。根据 GB/T 22482—2008《水文情报预报规范》,从峰现时间来看,洪水预报达到甲级标准;从洪峰和洪量来看,洪水预报达到乙级标准。

7.2.4.2 TOPMODEL 模型参数移植

参考站向中小河流站进行参数移植使用聚类分析法。此外，若同组内有多个参考站，则在组内继续进行聚类分析，并选用离参考站地理位置最近的站点。中小河流站的移植方案见表 7.2-23。

表 7.2-23 中小河流站与参考站对应关系表

中小河流站	参考站	中小河流站	参考站
顺德	南章党（二）	威远堡	八棵树
敖家堡	熊岳	四道河子（七）	业主沟
南口前（二）	冰峪沟	三台子	北口前（二）
新宾	南章党（二）	永胜	草河（二）
五龙	冰峪沟	旺清门	立山（三）
救兵	冰峪沟	华尖子	立山（三）
卧龙	南章党（二）	二户来	立山（三）
碱厂	冰峪沟	八里甸子	立山（三）
偏岭	冰峪沟	湾甸子	立山（三）
三道河（二）	冰峪沟	永陵（三）	立山（三）
刁窝	冰峪沟	二道河子	立山（三）
忠心堡	南章党（二）	清河城	立山（三）
房身	熊岳	石门岭	立山（三）
大胡峪	熊岳	析木	立山（三）
西北营子	冰峪沟	东郭家窝棚	大河泡（三）
薛屯	冰峪沟	吴家	东陵（二）
石山	东洲（二）	二寨子	东陵（二）
英额门	望宝山	李石	东陵（二）
清原（二）	耿王庄	小西堡	东陵（二）
章党	东洲（二）	八栋房	东陵（二）
古城子	海城（二）	大河南	东陵（二）
六道河	海城（二）	孟柳	东陵（二）
陈相屯	前烟台	柳河印	东陵（二）
牛庄（二）	望宝山	古城子	东陵（二）
茨沟	耿王庄	榆树	东陵（二）
李官	茧场	前岗子	东陵（二）
洼子店	关家屯（二）	赞子河	东陵（二）
唐家房	关家屯（二）	小城子	太平哨

中小河流站	参考站	中小河流站	参考站
东大道	沙里涂	泡子沿	太平哨
汤山城	沙里涂	五道岭子	太平哨
武营	沙里涂	庙沟	太平哨
达道湾	沙里涂	虎山	龙湾(二)
石桥子	沙里涂	茨林子	龙湾(二)
老虎洞	沙里涂	三台子	龙湾(二)
红旗	沙里涂	老道排	太平哨
大姜家	沙里涂	蒲石河电站	太平哨
转角楼水库	沙里涂	张家堡子	南甸(峪)
转角楼水库(坝下)	沙里涂	蓝旗	龙湾(二)
小寺河	沙里涂	石头岭	南甸(峪)
长岭	沙里涂	新立	龙湾(二)
太平岭	沙里涂	西土城子	龙湾(二)
白菜地	北口前(二)	小孤山	龙湾(二)

以泡子沿站为例说明 TOPMODEL 模型参数移植具体情况。

泡子沿站位于辽宁省丹东市宽甸县太平哨镇西泡子沿村,距离宽甸县约 27.5 km,地理位置为东经 $125°5'8.7''$,北纬 $40°49'5.4''$,站点以上控制流域集水面积为 445 km²,站点以上河流长度为 60.2 km,河流比降为 4.1‰。流域多年平均降水深为 1 093 mm,多年平均径流深为 640 mm;最大高程为 1 262 m,最小高程为 214 m,平均高程为 503 m。

该站所在河流为半拉江,属鸭绿江流域浑江口以上水系。半拉江发源于辽宁省宽甸县大川头镇白石砬子自然保护区,流域面积为 1 321 km²,河长 93.2 km。河源高程为 918 m,河流比降为 2.8‰。

该站点断面以上流域内除了半拉江,还包括下甸子河,见图 7.2-14。

泡子沿站点以上控制流域土地利用类型以林地为主,占 79.41%,耕地、草地分别为 16.15% 和 4.16%。

通过区域化方法来确定相似流域,泡子沿的区划类别属于第 6 组,该组内有参考站龙湾(二)站、南甸(峪)站和太平哨站。选择相似性较大且考虑地理空间位置相近的太平哨站作为移植参考站。

在太平哨站 20 场洪水模拟结果中,洪峰合格率为 75%,峰现时间合格率为 100%,洪量合格率为 85%。20 场洪水的确定性系数均值超过 0.80,其中 19 场洪水超过 0.70,6 场洪水超过 0.90。根据 GB/T 22482—2008《水文情报预报规范》,从峰现时间来看,洪水预报达到甲级标准;从洪峰和洪量来看,洪水预报达到乙级标准。

将太平哨站的 TOPMODEL 模型参数移植应用于泡子沿站,参数见表 7.2-24。

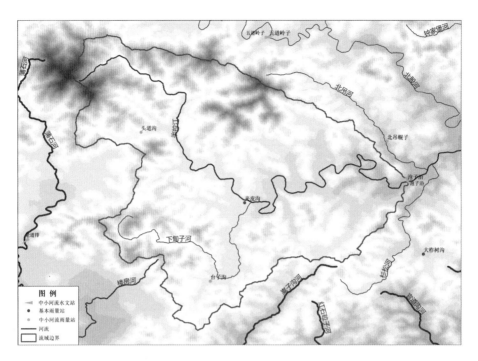

图 7.2-14　半拉江泡子沿站断面以上流域图

表 7.2-24　半拉江泡子沿站 TOPMODEL 模型参数表

S_{zm}	T_0	S_{rmax}	T_d	CH_v	R_v
0.029 6	1.193 7	0.002	0.333 2	13 338	7 168

　　泡子沿流域的地形指数-面积比曲线和距离-累积面积比曲线,见表 7.2-25、表 7.2-26 和图 7.2-15、图 7.2-16。

表 7.2-25　半拉江泡子沿站地形指数-面积比分布表

序号	面积比	地形指数	序号	面积比	地形指数
1	0	22.285	11	1.27×10^{-5}	18.14
2	1.41×10^{-6}	21.870	12	2.11×10^{-5}	17.725
3	1.41×10^{-6}	21.456	13	0.000 045	17.311
4	1.41×10^{-6}	21.041	14	6.33×10^{-5}	16.896
5	0	20.627	15	6.61×10^{-5}	16.482
6	5.63×10^{-6}	20.212	16	0.000 117	16.067
7	2.81×10^{-6}	19.798	17	0.000 179	15.652
8	5.63×10^{-6}	19.383	18	0.000 274	15.238
9	7.03×10^{-6}	18.969	19	0.000 421	14.823
10	4.22×10^{-6}	18.554	20	0.000 602	14.409

(续表)

序号	面积比	地形指数	序号	面积比	地形指数
21	0.000 958	13.994	36	0.039 4	7.776
22	0.001 34	13.58	37	0.046 5	7.362
23	0.001 97	13.165	38	0.055 5	6.947
24	0.002 71	12.751	39	0.066 6	6.533
25	0.003 44	12.336	40	0.080 9	6.118
26	0.004 65	11.922	41	0.097 0	5.704
27	0.006 06	11.507	42	0.108	5.289
28	0.007 55	11.093	43	0.110	4.874
29	0.009 54	10.678	44	0.096 0	4.460
30	0.012 0	10.263	45	0.069 3	4.045
31	0.015 1	9.849	46	0.040 2	3.631
32	0.018 4	9.434	47	0.016 7	3.216
33	0.022 4	9.020	48	0.004 06	2.802
34	0.028 0	8.605	49	0.000 459	2.387
35	0.033 4	8.191	50	2.67×10^{-5}	1.973

表 7.2-26　半拉江泡子沿站流域距离-累积面积比分布表

序号	距离(m)	累积面积比	序号	距离(m)	累积面积比
1	0	1.59×10^{-5}	15	21 000	0.206 322
2	1 500	0.002 192	16	22 500	0.226 616
3	3 000	0.008 991	17	24 000	0.247 14
4	4 500	0.021 130	18	25 500	0.271 139
5	6 000	0.033 374	19	27 000	0.293 605
6	7 500	0.044 807	20	28 500	0.316 9
7	9 000	0.051 549	21	30 000	0.336 937
8	10 500	0.067 711	22	31 500	0.351 253
9	12 000	0.088 818	23	33 000	0.370 209
10	13 500	0.109 599	24	34 500	0.391 216
11	15 000	0.128 241	25	36 000	0.413 784
12	16 500	0.146 443	26	37 500	0.444 900
13	18 000	0.168 916	27	39 000	0.482 114
14	19 500	0.187 935	28	40 500	0.531 491

(续表)

序号	面积比	地形指数	序号	面积比	地形指数
29	42 000	0.569 844	36	52 500	0.886 906
30	43 500	0.608 805	37	54 000	0.930 35
31	45 000	0.644 246	38	55 500	0.953 615
32	46 500	0.689 003	39	57 000	0.970 512
33	48 000	0.744 691	40	58 500	0.983 842
34	49 500	0.790 814	41	60 000	0.995 014
35	51 000	0.829 959	42	61 500	1

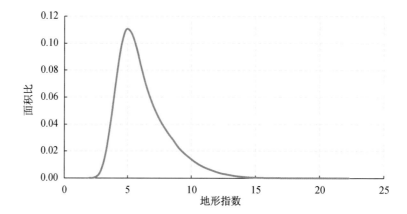

图 7.2-15　半拉江泡子沿站地形指数-面积比曲线图

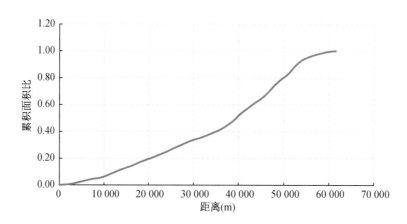

图 7.2-16　半拉江泡子沿站距离-累积面积比曲线图

7.3　方案应用总结

以上节辽宁省中小河流预警预报方案为基础,采用微服务架构,以云平台、大数据技术为支撑,结合实时雨水信息及降雨数值预报,研制开发了辽宁中小河流洪水预报系统,对全省中小河流预报断面进行洪水预报。在 2018 年和 2019 年辽宁省多次暴雨洪水过程中,系统采用滚动预报的方式,多次发布不同中小河流预报断面的洪水预报成果,为辽宁省中小河流防汛减灾决策提供科学支撑。

7.3.1 2018 年

2018 年辽宁省主要发生 3 次场次降水。

(1)7 月 13 日 8 时至 15 日 8 时,全省平均降水量为 21.7 mm。其中,西部地区为 3.6 mm,中北部地区为 27.5 mm,东南部地区为 30.4 mm。

主雨分布在营口、盘锦、辽阳、抚顺、丹东一带。各市降水量排在前 5 位的有营口市 44.5 mm,抚顺市 43.0 mm,盘锦市 41.0 mm,辽阳市 29.1 mm,丹东市 28.9 mm。全省最大点降水量为抚顺市治安站的 111.0 mm。降水量超过 100 mm 的雨量站有 5 处,其中抚顺市 2 处,铁岭市 2 处,大连市 1 处。

(2)7 月 23 日 8 时至 26 日 8 时,全省平均降水量为 23.9 mm。其中,西部地区为 59.0 mm,中北部地区为 6.7 mm,东南部地区为 12.9 mm。

强降雨发生在朝阳、锦州、葫芦岛地区。各市降水量排在前 5 位的有朝阳市 77.8 mm,锦州市 44.7 mm,盘锦市 33.7 mm,阜新市 21.6 mm,营口市 18.9 mm。全省最大点降水量为朝阳市六家子站的 225.0 mm。超过 200 mm 的雨量站有 7 处,超过 100 mm 的有 114 处。

(3)8 月 6 日 8 时至 8 日 8 时,全省平均降水量为 33.9 mm。其中,西部地区为 9.6 mm,中北部地区为 33.8 mm,东南部地区为 53.6 mm。

强降雨发生在沈阳南部、抚顺、本溪、辽阳、丹东一带。各市降水量排在前 5 位的有本溪市 112.0 mm,丹东市 86.4 mm,抚顺市 57.8 mm,沈阳市 42.2 mm,大连市 34.8 mm。全省最大点降水量为抚顺市眼望水库站的 268.0 mm。超过 200 mm 的有 15 处,超过 100 mm 的有 180 处。

在历次降雨洪水的防汛会商过程中,中小河流洪水预警预报系统发挥了重要的作用。系统预报的中小河流未来洪峰流量(水位)是会商决策最重要的依据。为提高预报结果的精度与可靠性,辽宁省中小河流预报断面根据不同气候、下垫面特征,建有 2～3 套洪水预报方案,不同方案的预报结果互相验证。同时,在作业预报时,利用辽宁省气象局的降水预测,考虑未来不同降水的情况,最后由有经验的预报专家综合分析不同预报方案的预报结果,确定用于发布的预报成果。

在上述 3 次暴雨过程中,多次发布不同中小河流断面的预报成果。其中,在 8 月 6 日 8 时至 8 日 8 时暴雨过程中,丹东地区草河茨林子站(集水面积为 682.7 km^2)2018 年 8 月 7 日 12 时在未来降水为 100 mm 情况下不同方案的预报结果如图 7.3-1～图 7.3-3 所示。

7.3.2 2019 年

2019 年 8 月 10 日 8 时至 12 日 8 时发生全省大范围的降雨,全省平均降水量为 58.3 mm。其中,西部地区为 51.9 mm,中北部地区为 54.2 mm,东南部地区为 68.2 mm。

强降雨发生在沈阳南部、辽阳、鞍山、大连等地。各市降水量排在前 5 位的有大连市 95.3 mm,辽阳市 85.4 mm,锦州市 81.4 mm,鞍山市 71.8 mm,葫芦岛市 68.8 mm。全省

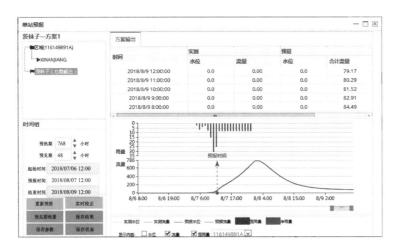

图 7.3-1　茨林子站 2018 年 8 月 7 日 12 时方案 1 预报结果

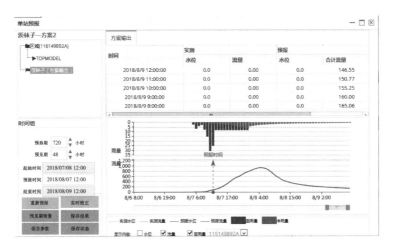

图 7.3-2　茨林子站 2018 年 8 月 7 日 12 时方案 2 预报结果

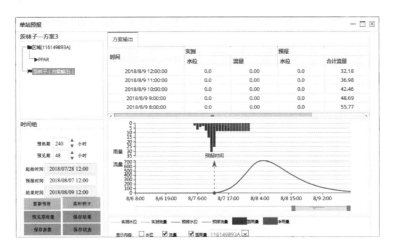

图 7.3-3　茨林子站 2018 年 8 月 7 日 12 时方案 3 预报结果

最大点降水量为大连市老铁山站的 283.0 mm。超过 200 mm 的有 8 处,超过 100 mm 的有 148 处。

在这场降雨过程中,应用中小河流洪水预警预报系统不断进行滚动预报,在预报过程中,同时考虑不同的未来降雨可能性,预报成果由不同预报方案的预报过程综合分析确定,最终由辽宁省水文情报预报中心发布,为防汛会商提供决策依据。

其中,8 月 10 日 20 时,根据辽宁省气象局 8 月 10 日 16 时降水预测结果,按照面降水量为 50 mm、100 mm、150 mm 进行重点考虑,并外延至 200 mm,在时程分配上按照偏于不利原则,发布的各中小河流水文控制站在不同未来降水情况下的洪水模拟预报成果见表 7.3-1。

表 7.3-1　各中小河流站洪水模拟预测结果

河流	站名	洪峰流量(m³/s)			
		50 mm	100 mm	150 mm	200 mm
万泉河	吴家	12.2	40	105	200
西马莲河	魏家窝堡	10	50	130	300
白塔堡河	小西堡	15.8	57.3	130	207
九龙河	八栋房	11	35	90	200
湖里河	转角楼	75	187	295	400
赞子河	赞子河	11	53	185	322
大沙河	唐家房	150	650	1 200	1 900
小寺河	小寺河	10	30	110	280
浮渡河	李官	150	450	720	990
碧流河	茧场	400	800	1 500	3 400
五道河	古城子	34	153	353	575
南沙河	忠心堡	36	94	160	221
三通河	榆树	14	46	83	117
杨柳河	房身	40	107	177	242
杨柳河	腾鳌堡	57	187	362	528
海城河	石门岭	298	962	1 775	2 541
海城河	牛庄	405	1 357	2 533	3 273
运粮河	达道湾	98	171	246	318
雅河	蓝旗	63	225	434	632
汤池河	西北营子	52	200	400	583
渭水河	石头岭	46	186	372	554
析木西大河	析木	46	183	371	538

河流	站名	洪峰流量(m³/s)			
		50 mm	100 mm	150 mm	200 mm
白云河	东大道	10	40	100	198
黑牛河	敖家堡	25	80	160	266
海阳河	南口前	30	110	240	410
英额河	清原	65	240	530	900
辉发河	南山城	25	90	220	430
苏子河	永陵	115	400	860	1 400
二道河子河	二道河子	85	340	710	1 150
拉古河	李石	45	170	320	450
章党河	章党	65	190	370	600
古城河	古城子	70	250	420	640
大二河	四道河子	470	940	1 410	1 880
小汤河	张家堡子	222	400	668	891
小夹河	偏岭	109	219	330	440
三道河	三道河子(二)	136	272	408	544
清河	清河城	104	208	313	417
富砂河	华尖子	129	258	387	516
雅河	小城子	40	150	270	380
北股河	五道岭	92	290	500	710
南股河	泡子沿	140	460	790	1 100
土牛河	红旗	69	250	510	770
蒲石河	老道排	48	170	290	410
金家河	白菜地	320	1 000	2 000	3 000
南大河	三台子	45	160	290	400
龙态河	石桥子	50	190	380	570
小洋河	西土城子	120	180	270	360
双岔河	大姜家	58	180	340	490
大沙河	武营	62	220	410	580
安平河	虎山	36	120	240	380
饮马河	汤山城	39	170	335	500

河流	站名	洪峰流量（m³/s）			
		50 mm	100 mm	150 mm	200 mm
百股河	百股屯	351	707	1 064	1 420
女儿河	凌西桥	264	1 389	3 141	4 864
庞家河	大虎山	17	78	199	360
鸭子河	沟帮子	70	286	533	769
西沙河	中安堡	115	464	863	1 256
西大清河	茨沟	170	360	550	750
大胡峪河	大胡峪	35	75	110	150
卧龙泉河	薛屯	110	260	400	580
柳壕河	孟柳	30	60	180	320
十里河	大河南	20	50	120	180
运粮河	柳河印	40	60	180	310
中固河	石山	181	388	679	1 110
王河	范家	123	314	473	725
马仲河	二社	151	371	648	942
艾青河	顺德	118	348	612	906
长沟河	南长	42.7	111	207	429
辽河-养息牧河	马账房	16.3	165	370	578
大凌河-细河-清河	双山子	10.2	72.6	181	340
大凌河-细河-汤头河	蒲草泡	15.6	176	478	944
辽河-养息牧河	兴隆山	18.1	208	520	855
细河-伊马图河	三家子	19.6	203	538	1 025
高杖子河	平房	30	200	450	700
热水河	八间房	30	100	300	700
蒿桑河	大西山	30	100	300	600
渗津河	桃花池	100	500	700	900
西大川河	三台	20	100	300	500
第二牤牛河	公营子	100	450	1 200	1 500
深井河	小平房	60	250	800	1 200
二道河	邱杖子	20	100	300	500

（续表）

河流	站名	洪峰流量（m³/s）			
		50 mm	100 mm	150 mm	200 mm
顾洞河	白腰	70	400	750	1 200
东官营子河	骆驼营子	30	150	350	600
东官营子河	八里营子	20	90	250	350
凉水河子河	哈只海沟	30	150	350	500
五十家子河	胡家屯	100	250	700	1 000
三十家子河	鼋神庙	40	170	520	900
巴图营子河	松岭门	20	70	200	500
潮沟河	欢喜岭	10	30	60	80
锦盘河	刘三	15	80	150	200
五里河	五里河	10	35	113	214
连山河	连山河	30	104	205	307
烟台河	尚家屯	150	400	1 000	1 800
石河	刺榆屯	200	500	1 000	1 700
狗河	西甸子	200	600	1 300	2 300
黑水河	西平坡	200	700	1 500	2 600
烟台河	凤龙咀子	150	300	500	900

其中，牛庄站在未来降雨 100 mm 情况下不同方案的预报过程如图 7.3-4 ～ 图 7.3-6 所示。

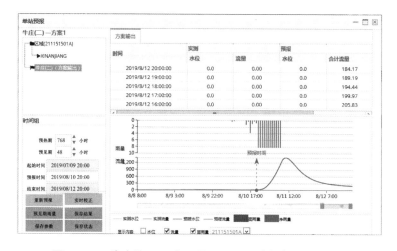

图 7.3-4　牛庄站 2019 年 8 月 10 日 20 时方案 1 预报结果

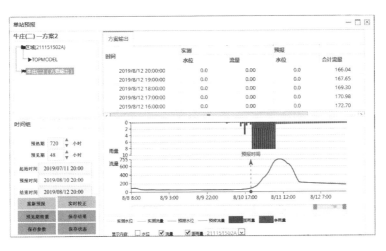

图 7.3-5　牛庄站 2019 年 8 月 10 日 20 时方案 2 预报结果

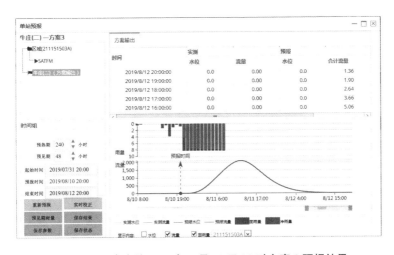

图 7.3-6　牛庄站 2019 年 8 月 10 日 20 时方案 3 预报结果

7.4　本章小结

本章对辽宁省 133 个无资料地区的中小河流断面,根据流域下垫面和区域气候特征,分别利用新安江模型、TOPMODEL 模型、陕北模型等,采用参数移植的方法建立了洪水预报方案,经 2018 年、2019 年的实际应用,本章建立的辽宁省无资料地区中小河流断面的洪水预报方案具有较好的模拟效果。在研究过程中,发现建立无资料地区中小河流断面预报方案方面存在一些问题。

（1）参证站选择比较困难。参数移植的基础是基于流域水文特征的相似性,其中流域面积是一个重要的特征之一,参证站的流域面积应与需要建立预报方案的断面集水面积相当。参证站需要有比较完整的长系列水文资料用于预报模型的参数率定,但在实际应用中,具有比较完整长系列水文资料的中小河流站点比较少,出现一些参证站流域面积比预报断面集水面积大得多的情况,影响了参数移植后预报方案的精度。特别是在辽宁西部,这种情况尤为突出。

(2)方案尚未考虑预报断面以上一些小型水利工程对洪水过程的影响。由于缺乏资料,未能分析中小河流上的一些小型水库工程如山塘、小型水库、堤坝对中小河流洪水过程的影响。在参证站模型参数率定过程中,有些场次洪水模拟过程出现比较大的偏差,仔细研究发现应是上游水库的影响,因缺乏水库相关资料,只能舍弃相关场次洪水。

下一步将进行以下几个方向的改进。

(1)开展基于流域特征的中小河流预报模型参数确定方法的研究。基于参数移植的中小河流预报方案的精度依赖于参证站与预报断面的相似性以及参证站的模型参数的率定精度,具有较大的不确定性。研究直接利用流域特征确定预报模型参数,避免参数移植带来的不确定性。

(2)开展多模型多方法的对比研究,建立中小河流洪水集合预报技术体系。无资料地区洪水预报难度大,单一模型难以保证预报精度。如何充分利用多个模型的模拟结果,建立中小河流洪水集合预报技术体系是未来的重要发展方向之一。通过对水文循环中水文过程和状态变量时间和空间分布模拟的检验,验证不同类型水文模型在不同研究区域和变化环境下的适用性;开发处理水文预报不确定性的综合方法,研制无缝隙多尺度水文集合预报技术,降低水文预测预报的不确定性。

参考文献

[1] 施征,包为民,瞿思敏. 基于相似性的无资料地区模型参数确定[J]. 水文,2015,35(2):33-38.

[2] 栾承梅. 流域水文模型参数优化问题研究[D]. 南京:河海大学,2005.

[3] 王中根,夏军,刘昌明,等. 分布式水文模型的参数率定及敏感性分析探讨[J]. 自然资源学报,2007(4):649-655.

[4] 马海波,董增川,张文明,等. SCE-UA算法在TOPMODEL参数优化中的应用[J]. 河海大学学报(自然科学版),2006(4):361-365.

[5] 邱超. 模糊聚类分析在水文预报中的研究及应用[D]. 杭州:浙江大学,2007.

[6] FURUSHO C, CHANCIBAULT K, ANDRIEU H. Adapting the coupled hydrological model ISBA-TOPMODEL to the long-term hydrological cycles of suburban rivers: Evaluation and sensitivity analysis[J]. Journal of Hydrology, 2013, 485:139-147.

[7] 丁亚明,赵艳平,张志红,等. 基于主成分分析和模糊聚类的水文分区[J]. 合肥工业大学学报(自然科学版),2009,32(6):796-801.

[8] 徐静,任立良,刘晓帆,等. 基于模糊集理论的降雨不确定性传播影响研究[J]. 水科学进展,2009,20(3):422-427.

[9] TALAMBA D B, PARENT E, MUSY A. Bayesian multiresponse calibration of TOPMODEL: Application to the Haute-Mentue catchment, Switzerland[J]. Water Resources Research, 2010, 46(8):W08524.

[10] 钱堃,包为民,李偲崧,等. K均值聚类分析方法在洪水预报中的应用[J]. 水电能源科学,2012,30(5):41-44.

[11] JANA R B, MOHANTY B P. A comparative study of multiple approaches to soil hydraulic parameter scaling applied at the hillslope scale[J]. Water Resources Research, 2012, 48(2):W02520.

[12] 宋晓猛，孔凡哲，占车生，等. 基于统计理论方法的水文模型参数敏感性分析[J]. 水科学进展，2012，23(5)：642-649.

[13] 武新宇，程春田，赵鸣雁. 基于并行遗传算法的新安江模型参数优化率定方法[J]. 水利学报，2004(11)：85-90.

[14] 芮孝芳，朱庆平. 分布式流域水文模型研究中的几个问题[J]. 水利水电科技进展，2002(3)：56-58＋70.

[15] HUANG M Y，HOU Z S，LEUNG L R，et al. Uncertainty Analysis of Runoff Simulations and Parameter Identifiability in the Community Land Model：Evidence from MOPEX Basins[J]. Journal of Hydrometeorology，2013，14(6)：1754-1772.

[16] 晋华. 双超式产流模型的理论及应用研究[D]. 北京：中国地质大学(北京)，2006.

[17] 曹丽娟. 分布式陆面水文过程模式的研究[D]. 北京：中国气象科学研究院，2004.

[18] 张显扬，王建群，宁方贵. 东辽河十屋流域洪水预报模型研究[J]. 水利水电技术，2004(11)：4-7.

[19] 梁忠民，李彬权，余钟波，等. 基于贝叶斯理论的 TOPMODEL 参数不确定性分析[J]. 河海大学学报(自然科学版)，2009，37(2)：129-132.

[20] 任启伟，陈洋波，周浩澜，等. 基于 Sobol 法的 TOPMODEL 模型全局敏感性分析[J]. 人民长江，2010，41(19)：91-94＋107.

[21] HUANG P N，LI Z J，YAO C，et al. Application and comparison of hydrological models for semi-arid and semi-humid regions[J]. Journal of Hydroelectric Engineering，2013，32(4)：4-9.

[22] 李红霞，张新华，张永强，等. 缺资料流域水文模型参数区域化研究进展[J]. 水文，2011，31(3)：13-17.

[23] 刘志雨，侯爱中，王秀庆. 基于分布式水文模型的中小河流洪水预报技术[J]. 水文，2015，35(1)：1-6.

[24] XIANG X H，SONG Q F，CHEN X，et al. A storage capacity model integrating terrain and soil characteristics[J]. Advances in Water Science，2013，24(5)：651-657.

第八章

问题讨论与展望

中小河流洪水预警预报的核心问题是延长洪水预报预见期和提高洪水预报的精度，最突出的难点是中小河流一般流域面积小，河流比降较大，汇流速度快，理论预见期一般较短，又由于中小河流水文监测站往往偏少，资料缺乏或资料不足导致水文模型及其率定和验证难度很大，所以预报方案的精度往往不高。通常情况下，洪水预报预见期的长短与预报断面以上流域面积的大小和形状、降雨的中心及移动方向、信息收集和分析处理的耗时等因素密切有关，并且是变动的有限时长，其最长预见期常被称为理论预见期。在给定的研究流域，预见期与精度往往是一对矛盾，随着预见期的延长，预报精度可能会降低。洪水预报精度则与预报断面以上流域的降雨观测精度、土壤含水量等初始状态监测精度、预报断面水位流量观测精度、下垫面地形地貌土壤的获取详细程度和人类活动影响程度、水文模型及断面预报方案的适用性、模型参数的优化程度、预报技术方法的运用等因素有关。

本章从工程应用和科学发展角度对中小河流洪水预警预报中，如何延长预见期和提高预报精度等有关问题进行讨论和展望。

8.1 问题讨论

8.1.1 延长预见期的问题

延长中小河流洪水预报预见期的根本出路是降雨预报数据的应用，包括降雨数值模型预报数据和降雨短临预报数据。虽然目前降雨预报的空间分布和过程精准度与中小河流洪水预报的要求仍存在一定差距，但在一线防汛指挥抢险的实际业务应用中，降雨预报数据用于滚动预报或预测预警和展望预警具有重要的指导意义。

由于气象数值模型预报采用集合预报和数据同化技术，目前 24 h 的降雨数值模型预报数据有较好的应用价值。但突出问题是降雨数值模型预报数据的空间分辨率较粗，与地面降雨监测数据缺少关联，因此有两项工作是非常重要的，它们直接关系到应用的有效性。一是降雨数值模型预报数据的降尺度，即应用天气雷达数据，参考地面监测数据，按照降雨空间分布特征，进行降尺度计算，得到与水文模型尺度相匹配的降水空间分布；二是系统偏差订正，即根据地面降雨监测站数据和雷达反演数据，分析观测数据与模型数据误差的空间变化规律，修正气象模型的预报结果。

改进中小河流洪水预警预报的另一种途径是降雨短临预报的应用。降雨短临预报目前应用较多的有两种技术途径：一是与气象雷达外推临近预警预报模型相结合，采用GSI(Gridpoint Statistical Interpolation) 格点统计插值分析系统，计算区域对流尺度快速循环同化 24 h 降水模型，能够较好地改善降水落区，对于台风登陆前飑线这类时间短、雨强较大的降水过程，具有较好的预报效果；二是与短时临近数值预报模型相结合，即对来自地面站雨量、气象要素和水汽含量监测数据进行统计相关分析，预报临近短历时降雨量。这种降雨预报数据对中小河流洪水预报来说很重要。

8.1.2 多源观测数据融合应用问题

监测数据是洪水预报的基础。由于有些数据的空间变化比较大，如降雨和土壤含水量数据，另外，中小河流还存在监测站点偏少的问题，因此，通过天空地一体化观测数据的融合分析计算对提高监测数据的精准度至关重要。

目前,天基全球降水监测和表层土壤含水量监测已经业务化,突出问题是空间分辨率较粗,如新一代卫星降水监测系统(GPM-IMERG)空间分辨率为 10 km,全球土壤含水量业务产品系统(SMOPS)空间分辨率为 25 km;时间分辨率与中小河流洪水预报的要求也有很大的差距,如新一代卫星降水监测系统的时间分辨率为 0.5 h,但延时 3.5 h,全球土壤含水量业务产品系统时间分辨率为 1 d。天基全球降水监测数据需要与地面降水监测数据融合开展降尺度和系统偏差的订正研究;天基全球土壤含水量监测也需要与地面土壤含水量监测数据融合开展降尺度和系统偏差的订正研究。

随着双偏振测雨雷达的应用,雷达测雨数据与地面监测数据的融合,可以提高降雨空间分布变化监测的准确度,为中小河流洪水预报提供更加准确的降雨监测数据。

8.1.3 水文集合预报问题

由于中小河流水文监测站偏少,水文模型及其率定和验证难度较大,再加上降雨、流域初始状态等监测数据空间分布准确度有待提高等,基于水文模型预报方案的预报不确定性较大。目前常用多类型水文模型、不同流域初始状态、不同降雨空间分布以及不同的降雨预报等方法,来降低预报方案和预报结果的不确定性,即所谓的水文集合预报。

传统的水文预报一般都是确定性预报,这些预报旨在对未来即将发生事件做出一个最佳的预测,这样的预报非常有用,但是这种预报缺少了定量的不确定性信息。近些年来,水文集合预报的手段被越来越多地应用于实践服务中。水文集合预报是通过扰动不同的不确定因素来产生的,如模式强迫场,初始与边界条件,或者是物理模式与模型参数。水文集合预报不仅可以提供对水文系统未来动向的最可能预报,还能够定量描述灾害事件预测的不确定性。相对于过去传统的水文预报,水文集合预报是对同一事件所做出的多个可能预报,包含了水文预报各个环节的不确定性信息,在生产实践中可提高对暴雨、洪水、干旱等事件的认知和预报能力。

水文集合预报的发展是从水文集合预报实验(Hydrological Ensemble Prediction Experiment,HEPEX)项目的成立开始的,HEPEX 成立于 2004 年,该实验召集了不同国家的气象学家、水文学家和气象水文预报业务部门人员,共同致力于改善水文气象的预报方法,以应对重大环境应急事件及水资源管理。目前,关于水文集合预报的研究尚不深入,仍有很多工作要做,包括帮助培训下一代集合预报员、改善沟通以支持更好使用集合预报的建议、开发更好的方法和技术工具箱、提供用户友好的检验措施,以及提供更好的数据来支持全球水文建模等。

8.1.4 观测数据与水文模型预报方案的同化问题

目前,由于水文资料短缺等,中小河流洪水预报的水文模型参数和预报方案存在较大的不确定性,再加上流域下垫面参数变化以及监测数据存在不确定性等,基于水文模型预报方案的使用条件与实际情况存在不一致的情形。在业务应用过程中,急需开展基于监测数据的水文模型预报方案同化计算,使预报结果尽可能接近实际情况,其思路是通过调整预报方案的模型参数或者初始和边界条件使预报方案的计算结果或状态与观测数据尽可能一致。

中小河流洪水预警预报技术研究与应用

被广泛应用的实时预报校正方法是基于监测数据的水文模型预报方案同化的一种具体实现,该方法不修改预报方案,只是分析预报误差规律及其分布特征,对原来的预报结果进行修正,所以预报结果校正的思路发生了较大变化。其实,预报方案是多种情形综合的成果,对于大中小洪水或不同初始条件的具体情形,本身就不是最优方案。因此,根据具体发生的实际情形对预报方案的平均情况进行修正具有普适意义。

8.2　展望

国际水文科学协会上一个十年期(2003—2012 年)的科学计划重点是水文资料缺乏流域的水文预报(The Prediction in Ungaged Basins,PUB),其主要研究是未设立水文站流域的水文预报及其不确定性减小的问题。PUB 计划的主要目标有两个:一是提升现有水文模型用于水文资料缺乏流域的预报及其降低不确定性的能力;二是开发创新的水文模型来表达水文过程时间和空间的变化特性,建立水文模型参数与下垫面条件的关系,从而提升水文资料缺乏流域水文预报的水平。PUB 计划实施后仍有一些挑战需要解决,如 PUB 计划取得的进展并没有带来人们所希望的建模策略的统一等。该协会于 2019 年 7 月仿照希尔伯特(Hilbert)23 道 20 世纪最重要数学问题的形式公布了未来水文领域的 23 个未解决的问题,焦点集中于不同时间和空间尺度上水文变化的过程及因果关系、变化环境对水文学科及相关学科的跨边界影响和强人类活动衍生的问题。由此可见,中小河流洪水预报的科学基础 —— 水文循环的水文模型及其模拟能力仍然没有得到很好的解决,仍是短板。

上一节提到的降雨预报数据的应用、天空地一体化观测数据融合应用、水文集合预报、观测数据与水文模型预报方案的同化等问题以及人机交互问题,均涉及高性能计算、机器学习等人工智能技术和虚拟现实等人机交互环境。

因此,从科学角度看,中小河流洪水预报延长预见期和提高预报精度可从两个方面展望。

一是中小河流洪水预报涉及的水文循环规律的理解和认识问题。这是一个复杂的科学问题,由于水文循环与陆面生态系统、生物地球化学系统密切相关,因此对水文循环规律的理解和认识,需要更深入了解水文循环及其与生物圈、岩石圈、大气圈的界面微观动力学过程,而界面微观动力学过程的认识需要系统的科学实验体系来支撑。此外,有关水文循环规律的空间异质性问题和尺度问题,以及水文循环与生物地球化学过程如何协同演变等,也需要新的理论和范式。所以,要提高中小河流洪水预报的精度,需要从水文科学实验的角度,开展水文循环及其与生物圈、岩石圈、大气圈的界面过程科学实验研究,包括野外原型科学观测实验研究和室内可模拟自然环境要素及改变边界条件的科学试验研究,为建立适用的水文模型奠定科学基础。

二是充分利用计算机技术的进步,开展中小河流洪水预报涉及高性能计算、多源数据融合算法、数据同化算法、机器深度学习等人工智能技术方法的研究;开展基于虚拟现实和增强现实与自然交互技术的人机物交互和信息展示的智能应用软件研发,为中小河流洪水预警预报关键技术的突破和智能软件平台开发奠定技术基础。

在此基础上,开展数字流域、水文数字孪生的研发工作,实现中小河流预报预警预演预案"四预"措施,为中小河流的防洪减灾提供技术支撑和服务保障。